U0229791

内容简介

本书根据近年来渤海渔业资源及其栖息环境调查的数据，比较系统地研究了渤海的生态环境和渔业资源状况，在此基础上开展了中国对虾增殖生态容量评估的理论与方法研究。全书共五章，分别阐述了渔业资源增殖生态容量评估、Ecopath 模型及其应用、渤海中国对虾增殖基础、中国对虾增殖生态容量评估等内容。

本书可供从事渔业生物资源与环境、生物资源保护和生态修复研究等专业领域的高校师生、科研人员以及相关单位管理人员参考。

渤海中国对虾增殖生态容量研究

王 俊 林 群 李忠义
左 涛 栾青杉 袁 伟 主编

中国农业出版社
北 京

本书编写人员

主　　编：王　俊　林　群　李忠义　左　涛
　　　　　栾青杉　袁　伟

编　　者（按姓氏笔画）：
　　　　　王　俊　牛明香　左　涛　吕末晓
　　　　　孙坚强　李忠义　时永强　吴　强
　　　　　张　波　林　群　袁　伟　栾青杉
　　　　　彭　亮

前　　言

中国对虾（*Fenneropenaeus chinensis*）主要分布于黄海、渤海，具有分布纬度高、洄游距离长、个体大、经济价值高等特点，曾是我国山东省、辽宁省、河北省和天津市在渤海、黄海渔业生产的重要支柱，也是日本和朝鲜在黄海的重要捕捞对象之一。中国对虾渔业在1962年前以春汛捕捞为主，此后逐步变为以秋汛捕捞为主，到20世纪70年代春汛、秋汛产量比例为7∶93，形成了著名的渤海秋汛对虾渔业。然而，随着捕捞能力的提高、捕捞技术的改进以及捕捞努力量的激增，以及80年代对虾养殖业的迅速发展（推动了人工育苗业对亲虾的捕捞），中国对虾资源出现了明显的衰退，加之90年代中国对虾的白斑病蔓延，中国对虾资源在20世纪末已严重衰退至几近枯竭。

20世纪70年代，中国对虾规模化苗种繁育技术突破，80年代初期增殖放流试验获得成功，为黄海、渤海中国对虾的资源增殖奠定了基础。渤海是中国对虾的主要产卵场和索饵场，是理想的中国对虾增殖放流海域。自20世纪80年代中期开始在渤海进行中国对虾的生产性增殖放流，但由于种种原因一度中止。2016年国务院印发了《中国水生生物资源养护行动纲要》，渔业资源增殖放流活动受到了各级政府和渔业主管部门的重视，农业部印发了《全国水生生物增殖放流总体规划（2011—2015年）》，要求到“十二五”末海洋渔业资源增殖放流数量达253亿单位，其中在渤海放流中国对虾达100亿尾。然而，在特定水域内，增殖物种的生态容量受气候、理化环境、生物环境以及人类活动等多方面的影响，是动态变化的。因此，开展渤海的生物资源及其栖息环境调查，基于生态系统的结构与功能稳定，探讨渤海中国对虾增殖生态容量，是增殖渔业可持续发展的技术基础。

本书的编写基于中国海油海洋环境与生态保护公益基金会项目“渤海中国对虾增殖容量评估”及海洋公益性行业科研专项经费项目“基于生态系统的海洋功能区划关键技术研究与应用（201505001）”的调查数据，结合历史文献资料，较系统地阐述了渤海各生物功能群和环境的状况，构建了基于Ecopath模型的中国对虾增殖生态容量评估方法，以期为近海渔业资源增殖放流决策提供科学依据。

本书在编写过程中还得到了山东省自然科学基金联合基金项目（U1606404）和青岛海洋科学与技术国家实验室“海洋生态与环境科学功能实

验室”创新团队项目（LMEES-CTSP-2018-4）的支持。书中引用了国内外诸多学者已发表的研究成果，在此表示诚挚的谢意！

由于时间和水平所限，书中难免有疏漏和错误之处，敬请广大读者不吝赐教，提出宝贵意见和建议。

编　者

2019年6月

目　　录

第一章　渔业增殖生态容量评估

近海渔业资源的充分或过度开发利用，导致了主要渔业种类的种群数量急剧下降，甚至严重衰退。为了恢复或补充已衰退的渔业资源，世界各国采取了积极的措施，如休渔、限额捕捞、增殖放流、建设人工鱼礁等。增殖放流是我国现阶段渔业资源养护的重要手段之一，根据《2016中国渔业统计年鉴》，“十二五”期间全国共投入增殖放流资金达49亿元，放流各类水生生物苗种1 583.5亿单位。随着增殖放流的种类增多、数量增大，渔业资源增殖的生态容量、经济效益、生态风险等成为普遍关注的问题，随之增殖容量评估方法、技术等成为研究的重点、热点。研究人员在虾、蟹、贝等增殖容量评估中取得了一定的进展。

第一节　容量的概念及其类型

容量，常指一个物体的容积的大小，容量的公制单位是升（L）。容量也指物体或者空间所能够容纳的单位物体的数量。容量的概念不断地引申，现被广泛应用于各行各业，如计算机的硬盘容量、环保的环境容量、城市的人口容量、水产的养殖容量，等等。

计算机硬盘容量，是指所包含存储单元的数量，其计量基本单位是字节，单位是Byte。众所周知，在计算机中是采用二进制，8个二进制位（Bit）称为1个字节，每1 024字节为1kb，每1 024kb为1Mb，每1 024Mb为1Gb，每1 024Gb为1Tb。硬盘的容量通常以Mb和Gb为单位，早期的硬盘容量小，多以Mb为单位，随着硬盘技术的发展，硬盘的容量迅速提高，以Gb计容量的硬盘也已进入家庭用户的手中，现在硬盘的容量已达12Tb，单位也多以Gb和Tb标注，硬盘技术还在继续向前发展，更大容量的硬盘还将不断推出。

环境容量，是在环境管理中实行污染物浓度控制时提出的概念，指在人类生存和自然生态系统不致受害的前提下，某一环境所能容纳污染物的最大负荷值。环境容量包括绝对容量和年容量两个方面，前者是指某一环境所能容纳某种污染物的最大负荷量；后者是指某一环境在污染物的积累浓度不超过环境标准规定的最大容许值的情况下，每年所能容纳的某污染物的最大负荷量。

国际人口生态学界对人口容量的定义：世界对于人类的容纳量是指在不损害生物圈或不耗尽可合理利用的不可更新资源的条件下，世界资源在长期稳定状态基础上能供养的人口数量。联合国教科文组织对人口容量的定义：一国或一地区在可以预见的时期内，利用该地的能源和其他自然资源及智力、技术等条件，在保证符合社会文化准则的物质生活水平条件下，所能持续供养的人口数量。国际人口生态学界的定义主要把资源作为人口容量的决定因素；联合国教科文组织则在强调自然资源的同时，也考虑到技术条件，比前者的定义更全面、具体。

水产养殖容量，是指在特定的水域，单位水体养殖对象在不危害环境、保持生态系统相对稳定、保证经济效益最大，并且符合可持续发展要求条件下的最大产量。对于养殖容量的概念，不同的学者有不同的定义。其中，Garver 和 Mallet 将贝类的养殖容量定义为：对生长率不产生负影响并获得最大产量的放养密度；李德尚（1994）对投饵网箱养鱼（水库）的养殖容量定义为：不至于破坏相应水质标准的最大负荷量；董双林（1998）把养殖容量定义为：单位水体在保护环境、节约资源和保证应有效益的各个方面都符合可持续发展要求的最大养殖量；杨红生等（1999）将浅海贝类养殖业的经济、社会与生态效益结合起来，把养殖容量定义为：对养殖海区的环境不会造成不利影响，又能保证养殖业可持续发展并有最大效益的产量。可见，养殖容量定义的内涵在不断丰富，在考虑地域性的同时，也考虑到环境、生态、经济、社会等因素。

综上所述，容量可分为物理容量、化学容量、生物容量等类型。物理容量主要是由载体的物理性质决定的，受环境变化的影响小，如一个容器的容量、计算机硬盘的容量等；化学容量（电化学容量）主要由其化学性质决定，环境温度以及使用方式等也会对其产生明显影响，如蓄电池的容量；生物容量或称生态容量，其容量的大小主要由生态环境决定，同时也受经济、社会、技术等影响。物理容量和化学容量可以直接测量或计算，生物容量就相对复杂得多，需要多学科系统研究。

第二节　渔业资源增殖及其生态容量评估

渔业资源增殖，是用人工方法向天然水域中投放鱼、虾、贝、藻等水生生物幼体（或成体、卵等）以增加种群数量，改善和优化水域的渔业资源群落结构，从而达到增殖渔业资源、改善水域环境、保持生态平衡的目的（邓景耀，2001）。从广义上而言，渔业资源增殖还包括改善水域的生态环境、向特定水域投放某些装置（如附卵器、人工鱼礁等）为野生种群提供保护等间接增加水域种群资源量的措施。《全国农业现代化规划（2016—2020 年）》明确提出，要统筹推进水产养殖业、捕捞业、加工业、增殖业、休闲渔业五大产业协调发展，其中增殖渔业与休闲渔业是我国渔业的新兴产业，发展前景广阔。

增殖放流作为渔业管理的有效措施，被世界各国所证实和采用。日本是较早开展渔业资源增殖放流和效果评价的国家之一，放流种类包括鱼类、甲壳类、贝类等共计 70 多种（黄硕琳，2009），并建立了主要鱼类的增殖效果评估技术（Kitada，1992）。太平洋鲑增殖放流是美国非常成功的例子，每年使用线码技术标记 10 亿尾放流的大麻哈鱼，超过 80 个研究机构和 350 个孵化场参与了线码标记和回收，已成为北美太平洋大麻哈鱼渔业管理的中心任务。随着增殖渔业的不断发展，对渔业资源增殖的研究不再仅仅停留在增殖技术上，而是提出了新的要求，如“把渔业增殖放到生态意义上进行研究”“资源增殖与生态系统的关系研究”“增殖放流对自然种群乃至生态系统的影响研究”，等等。增殖放流与水域生态系统的相互作用已被科学界普遍关注，推动了增殖生态容量（承载力）评估的研究。Seitz 等（2008）通过蓝蟹（*Callinectes sapidus*）数量与主要饵料生物——蛤（*Macoma balthica*）的简单密度关系，研究了美国切萨皮克湾蓝蟹的增殖容量。Taylor

等（2008）通过研究放流种类的生长、食性以及饵料需求，建立了捕食模型以评估白姑鱼（*Argyrosomus japonicus*）的最适放流量（增殖生态容量）。Xu 等（2011）以 Ecopath with Ecosim 软件为基础建立营养模型，评估了罗非鱼在多元化养殖系统中的养殖容量。

我国早在 1956 年在乌苏里江饶河建立了第一个大麻哈鱼放流增殖站，先后在乌苏里江、图们江和绥芬河放流大麻哈鱼。相比而言，海洋生物资源增殖开展较晚，始于 20 世纪 80 年代初的中国对虾试验性放流和山东省 1983 年的生产性放流，之后真鲷、梭鱼、牙鲆、梭子蟹、魁蚶、海蜇等苗种培育和增殖技术陆续取得成功，中国对虾放流是我国渔业资源增殖最为成功的典范。中国对虾成为我国增殖放流试验的首选对象，一方面是日本于 20 世纪 70 年代初在濑户内海规模化放流日本对虾获得成功；另一方面是我国 70 年代末中国对虾工厂化育苗技术的日臻完善，为开展苗种放流试验奠定了基础。

1981 年 7 月，中国水产科学研究院黄海水产研究所和下营增殖站在莱州湾潍河口首次进行了中国对虾苗种放流试验，共放流体长 30mm 虾苗 370 万尾。1982—1984 年浙江省海洋水产研究所在象山港进行了中国对虾移植性放流试验，共放流体长 10mm 和 30mm 两种规格的虾苗约 3 700 万尾，回捕产量为 27.8t（163.2 万尾），1985 年没有再放流，但当年却捕获中国对虾 4.4 万 t。中国对虾在象山港“安家落户”，在此基础上，相继开展了渤海中国对虾放流的苗种规格、跟踪调查、合理的放流数量以及放流海区的选择等基本问题的研究。

根据中国对虾放流的相关研究报道（邓景耀，1996），福建省的东吾洋 1987—1989 年放流体长 8～15mm 的仔虾，回捕率平均为 4.5%；浙江省的象山港生产性放流平均体长大于 30mm（经过中间培育）的幼虾的回捕率为 8%～10%，而放流体长 10mm 左右的仔虾的回捕率只有 0.2%～0.3%；在渤海不同海区选用体长 32～63mm 的虾苗进行挂牌标记放流，回捕率随放流个体的大小而增减。此外，模拟实验证实，直接放流体长大于 10mm 的未经中间培育的仔虾是可行的。与放流经过中间培育的大个体种苗相比，它们的突然死亡值虽然略大，但其机械损伤死亡值很小，且捕食死亡值也不大。

中国对虾放流取得成功的同时，增殖效果如何成为关注的焦点。樊宁臣等（1989）通过试验确立了中国对虾幼虾挂标志牌的标记技术，进行大批量标记幼虾放流和生产性放流试验，获得标记放流虾的生态习性、分布、洄游和重捕等资料，并研究了幼虾放流时间、地点和放流幼虾规格与增殖效果的关系。刘瑞玉等（1993）以没有放流幼虾的河口区仔虾相对数量和 8 月幼虾数量比值为系数，估算胶州湾中国对虾有关年份的自然补充量，将各年 8 月幼虾数量扣除自然补充量后，设捕捞系数为 0.75，估算放流虾的回捕量和回捕率：1985 年、1986 年、1988 年、1989 年和 1990 年回捕率分别为 16.05%、11.23%、8.49%、13.69%和 17.4%，增殖效果明显。

中国对虾适宜的放流数量最初是以渤海的年最高产量和最低产量为基础，在条件较差的年份设定预期的产量，根据中国对虾的死亡系数、回捕率，粗略估算渤海放流体长 30mm 中国对虾的数量为 30 亿尾（叶昌臣，1986）。信敬福等（1999）通过计算中国对虾的体长瞬时生长速度参数，并对各年的放流数量与体长瞬时生长速度参数进行回归分析，求得开捕时增殖对虾体长与放流数量的关系和开捕时资源量与放流数量的关系，依据开捕时中国对虾的体长确定适宜放流数量。随着 Ecopath 模型在中国的应用，其逐步发展成为渔业资源增殖容量评估的主要工具之一，并被应用于中国对虾、三疣梭子蟹、贝类等的增殖生态容量评估（林群，2013；张明亮，2013；杨林林，2016）。

可见，增殖生态容量的研究经历了从简单到复杂的过程，逐步从简单的食物关系、食物链到食物网，从单纯的食物需求到整个生态系统物质、能量平衡，同时明晰了增殖生态容量的概念，即在特定的水域生态系统中，增殖对象在不危害环境及其自然种群、保持生态系统相对稳定、保证种群补充最大化和资源有效恢复等要求条件下的最大放流数量。

第三节 增殖生态容量评估研究

渔业资源增殖的生态容量的研究虽然较晚，但理论基础早已成熟，诸如鱼产力（渔业潜力）的估算、养殖容量（承载力）的计算、种群生长模型、营养动力学模型，等等。在此基础上，渔业资源增殖的生态容量研究得以快速发展，形成了不同的计算方法。

在特定条件下，鱼类将水中各种生物和无机、有机营养物质转化为鱼产品的能力，称为鱼产力。鱼产力可分为潜在鱼产力和实际鱼产力，前者是指在理想的自然条件下，水体中的天然饵料生物可能提供的最大鱼产力的能力，是一种潜力；后者是指水体中当前条件下的最大鱼产量。鱼产力的计算通常有两种方法，都是以生态系统各营养级之间的生态转换效率为基础，一是 Tait 模式估算，沿岸海域初级生产力转化为第三级生物（渔业资源）的效率为 0.015，即渔业资源年有机碳产量为 $Q=\mu C$，式中 Q 为渔业资源产碳量（t），μ 为三级生物的转化率，C 为年总有机碳产量（t）；二是 Cushing 模式估算，三级生物（渔业资源）的年产碳量等于 1% 初级产碳量与 10% 次级产碳量之和的一半，即 $Q=(0.01PP+0.1SP)/2$，式中 PP 为初级生产力，SP 为次级生产力。根据研究水域的渔业资源结构及其碳含量比例，可粗略计算不同渔业资源类群的生产潜力，作为增殖潜力估算的依据。由于该方法把生态系统中每一个营养级作为整体处理，忽略了同一营养级内不同物种的生物量、摄食量等，因此只能作为总的增殖潜力的估算依据，无法应用于具体物种的增殖容量计算。

马尔萨斯（Malthus）的人口论认为，人口是呈几何级数（等比级数）增加，而其食物的数量则是呈算术级数（等差级数）增加。世界上动植物增殖也是按照这个规律进行的，不可能无限制地增殖，种群中的个体数量在一定条件下会逐步达到稳定或平衡的水平。1938 年比利时的 Verhurst 创立了种群增殖的基本方程式 $\mathrm{d}N/\mathrm{d}t=\mathrm{r}N$，式中 N 为个体数；t 为时间；$r=b-d$ 为瞬时增殖率，b 为瞬时出生率，d 为瞬时死亡率。这个过程中的增殖，称为“Hale-Malthus 增殖”。但当食物资源有限时，存余数量与当时个体数量就成比例地减少，即表现为增殖下降，表示为 $\mathrm{d}N/\mathrm{d}t=\mathrm{r}N(K-N)/K$，式中 N 为种群个体总数，t 为时间，r 为种群增长潜力指数，K 为环境最大容纳量。李庆彪（1985）探讨了逻辑斯谛方程在浅海增殖中的应用，认为在有某种资源的海域进行增殖放流，可获得其环境负荷量，该方程可作为增殖放流的依据；在没有某种资源的海域增殖放流，该方程的适应性并不能确定。

针对一定水域的渔业承载力的研究在不断发展和创新，许多理论和方法同样适应于渔业资源增殖生态容量的评估。利用增殖对象的主要饵料生物的生物量估算放流的数量，是一种较为简单、客观的方法。Seitz 等（2008）通过对增殖水域的蓝蟹（*Callinectes sapidus*）放流数量与其主要饵料生物——蛤（*Macoma balthica*）的密度变化的调查，研究了蓝蟹的密度与蛤的密度关系，并进一步探讨了蓝蟹的密度与贝类的密度关系，探讨了切萨皮克湾蓝蟹的增殖容量，将多种饵料生物统筹考虑建立评估模型，是一种更为完善的方法。Taylor 等（2008）利用增殖对象的种群生长及其饵料生物的种群生长特征，结合环境因素，构建了捕食影响模型，对乔治斯河休闲渔业区白姑鱼（*Argyrosomus japonicus*）的适宜放流数量进行了模拟评估，认为该水域可以承载体长 8cm 的白姑鱼17 500尾，同时预测了在放流后的三年半时间内饵料鱼、虾类、头足类以及其他无脊椎动物的变化。

生态通道模型（Ecopath Model）是一种研究生态系统结构，特别是水域生态系统结构的工具（仝龄，1999）。这种方法最初由美国夏威夷海洋研究所的 Polovina（1984）提出，经与 Ulanowicz（1986）的能量分析生态学理论结合发展而成的一种生态系统营养成分流动分析方法。Ecopath 模型根据能量平衡原理，用线性齐次方程组描述生态系统中的生物组成和能量在各生物组成之间的流动过程，定量某些生态学参数，如生物量、生产量/生物量、消耗量/生物量、营养级和生态营养效率（Ecotrophic Efficiency，EE）等，能够给出能量在生态通道上的流动量，便于对生态系统的特征和变化作深入的研究。Christensen 等（1998）阐述了该模型在水域生态系统中顶层捕食者的承载力估算方面的应用。Ecopath 模型引入我国的时间并不长，但在湖泊、河口、海域等生态系统营养结构和能量流动、生态系统结构变化的研究上得到了快速应用，并逐步发展成为一种渔业资源增殖容量评估工具，被应用于鱼类、甲壳类、贝类等单种类或多种类水生生物的增殖容量评估。

第二章　Ecopath with Ecosim 模型

Ecopath with Ecosim（EwE，Christensen & Walters，2004）是一个由国际水生资源管理中心（International Center for Living Aquatic Resources Management，ICLARM）开发 30 多年的生态系统建模软件，由 Ecopath、Ecosim 和 Ecospace 三大模块构成，附带 Ecotracer、EcoTroph 等模块，以生态系统中的能量流动和物质平衡为理论基础，融合了生态学的相关基础理论知识，是探讨生态学基本问题、评估渔业和气候变化对生态系统的影响、提出渔业管理政策、评估海洋保护区域的效果和位置确定、评估环境变化对渔业的影响等的通用工具。

Ecopath 模型被广泛应用于研究生态系统的结构、功能和相互作用（仝龄等，2000；Cheung，2007；Jiang et al.，2008；林群等，2018）。加拿大大不列颠哥伦比亚大学渔业中心的 Walters 等（1997，1998）在 Ecopath 模型基础上开发了 Ecosim 模型，从时间动态预测系统中被开发种群的捕捞强度，模拟捕捞对生态系统生物量变动的影响以及其他生物资源对种群不同捕捞强度的反应（Shannon et al.，2000；Coll et al.，2016；Fretzer et al.，2016；Bacalso et al.，2016；林群等，2016），并研发 Ecospace 模型引入空间变量，模拟生态系统的空间动态变化，进行保护区的动态模拟、捕捞努力量的空间分配等（Zeller & Reinert，2004；Preikshot，2007；江红，2008；Mutser et al.，2016）；附带的 Ecotracer 模型，可以模拟海洋生物体内持久性有机污染物在食物网中的变化趋势等（Coombs，2004；Booth et al.，2005；李岚，2008；Larsen et al.，2016）。近些年发展起来的基于 R 软件包的 EcoTroph 模型，将生态系统的功能看成是生物量通过捕食和个体发育过程从低营养级到高营养级流动，能够评估捕捞对生态系统中食物网以及营养动态的影响（Gasche & Gascuel，2013；Meissa et al.，2014 ）。本章重点介绍 Ecopath 模型，简要介绍 Ecosim 模型。

第一节　Ecopath 模型原理

Ecopath 模型基于物质平衡原理，利用营养动力学原理直接构建生态系统结构，并描述能量流动以及确定生态参数的能量平衡模式，整合了一系列生态学分析工具，能够模拟各个功能群生物量的时间动态过程：生产量、捕捞死亡率、捕食死亡率、自然死亡率、迁入和迁出等，适于水生和陆地生态系统的分析研究。Ecopath 模型是某个特定时期稳态下定量描述生态系统能量流动的物质平衡模型，该模型认为生态系统由一系列功能群或组（group）成，所有功能群能够覆盖生态系统中从低营养级到高营养级的能量流动全过程，描述了物质、能量的输入和输出，包括渔业活动。

功能群可以是生态习性相同的种类、生态系统中的重要种类或者重要种类的不同体长/年龄组，包含了生态系统的所有生物组成部分，从碎屑和浮游植物到顶层捕食者，也包括有机碎屑、浮游植物、浮游动物、底栖生物。根据营养动力学原理，每个功能群的能量输入与输出保持平衡。模型最少要定义 12 个功能群，最多可定义 50 个功能群。考虑生态系统中能量从有机物经过初级生产、次级生产到顶级捕食者流动的每一个通道的分支，根据掌握生态学和生物学资料的范围和深度以及研究目的来定义功能群的数量，功能群具体分类标准包括：①栖息地（相似或相同）；②个体大小（大型、中型、小型）或年龄组成（如幼体、成体）；③食物组成（肉食性、草食性、杂食性、碎屑食性）；④摄食方式（滤食性、杂食性、肉食性）；⑤近 50 年的渔获物的统计分类方法；⑥简化食物网的研究策略等，可引入放流种类，以及放流种类的食物竞争者、捕食者等。

Ecopath 模型的参数化基于两个主方程，一个是描述每个功能组的生产期：生产量＝渔获量＋捕食死亡量＋生物量积累量＋净迁移量＋其他死亡量。另一个是描述每个功能组的能量平衡：消耗量＝生产量＋呼吸量＋未消化的食物量。用数学公式表示为：

$$P_i = Y_i + B_i \times M_{2i} + E_i + BA_i + M_{0i} \times B_i \quad (1)$$

$$Q_i = P_i + R_i + U_i \quad (2)$$

式中，P_i 是功能组 i 的总生产量，Y_i 是功能组 i 的总捕捞量，B_i 是功能组 i 的生物量，M_{2i} 是功能组 i 的捕食死亡率，E_i 是净迁移（迁出－迁入），BA_i 是生物量积累量，M_{0i} 是其他死亡率，Q_i 是功能组 i 的消耗量，R_i 是功能组 i 的呼吸量，U_i 是功能组 i 的未消化的食物量。

假设各生物的食性组成在研究期间内维持不变，摄食者与被摄食者可通过消耗量相连接，公式（1）可进一步表示为：

$$B_i \times (P/B)_i \times EE_i - \sum_{j=1}^{n} B_j \times (Q/B)_j \times DC_{ji} - Y_i - E_i - BA_i = 0 \quad (3)$$

式中，EE_i 是功能组 i 的生态营养效率，代表生产量在系统中被利用的比例；DC_{ji} 是被捕食者 i 占捕食者 j 的食物组成的比例。

根据公式（3），一个包含 n 个功能组的生态系统，可以表示成线性联立方程：

$$B_1 \times (P/B)_1 \times EE_1 - B_1 \times (Q/B)_1 \times DC_{11} - B_2 \times (Q/B)_2 \times DC_{21} \cdots - B_n \times (Q/B)_n \times DC_{n1} - Y_1 - E_1 - BA_1 = 0$$

$$B_2 \times (P/B)_2 \times EE_2 - B_1 \times (Q/B)_1 \times DC_{12} - B_2 \times (Q/B)_2 \times DC_{22} \cdots - B_n \times (Q/B)_n \times DC_{n2} - Y_2 - E_2 - BA_2 = 0$$

$$\vdots$$

$$B_n \times (P/B)_n \times EE_n - B_1 \times (Q/B)_1 \times DC_{1n} - B_2 \times (Q/B)_2 \times DC_{2n} \cdots - B_n \times (Q/B)_n \times DC_{nn} - Y_n - E_n - BA_n = 0 \quad (4)$$

在 Ecopath 模型中，各种指标和参数可以相互替换：

$$P_i = B_i \times (P/B)_i \quad (5)$$

$$M_{2i} = \sum_{j=1}^{n} Q_j \times DC_{ji} = \sum_{j=1}^{n} B_j \times (Q/B)_j \times DC_{ji} \quad (6)$$

式中，Q_j 为功能组 j 的总消耗量。

$$B_i M_{2i} = \sum_{j=1}^{n} B_j \times (Q/B)_j \times DC_{ji} \quad (7)$$

$$M_{0i}=P_i\times(1-EE_i)\tag{8}$$

当输入 B、P/B、Q/B 和 EE 四个基本参数中的任意三个时，系统通过内部的线性联立方程，运行相应的运算规则，便可估算出另外一个的值及其他参数的值。如果上述四个参数都被输入，程序会提示是否估计生物量积累率和净迁移率。当只输入四个基本参数中的三个时，捕捞率、净迁移率、生物量积累率、消化率和食物组成同时需要被输入。

第二节　Ecopath 模型参数

建立 Ecopath 模型要求输入 B、P/B、Q/B 和 EE 四个基本参数中的任意三个，食物组成矩阵 DC 以及渔获量。各功能群的 P/B 和 Q/B 值可以根据渔业生态学数据获得。

下面是在缺乏其他参数的情况下的一些基本的参数运算方法：

总食物转换效率：

$$g_i=(P_i/B_i)/(Q_i/B_i)\tag{9}$$

P/B 系数：

$$(P/B)_i=\frac{Y_i+E_i+BA_i+\sum_j Q_j\times DC_{ji}}{B_i\times EE_i}\tag{10}$$

生态营养效率：

$$EE_i=\frac{Y_i+E_i+BA_i+M_{2i}\times B_i}{P_i}\tag{11}$$

净效率：

$$NE=P/B/[Q/B\times(1-GS)]\tag{12}$$

式中，GS 为未吸收食物的比例，默认值为 20%。

测定 P/B 系数必须知道开始和结束时的生物量，以及死亡率、迁入量和迁出量，在生态系统平衡的情况下，P/B 系数等于总死亡率 Z。$Z=M+F$，其中 $M=M_0+M_2$，为自然死亡率；F 为捕捞死亡率。

Hoening (1983) 通过对 130 种不同底栖动物、鱼类和鲸类的数据分析，得出总死亡率与最大年龄的关系：$\ln Z=1.44-0.984\ln T_{max}$，其中 T_{max} 为观测到的最大年龄。

在缺乏捕捞年龄的情况下，$M=K^{0.65}*L_\infty^{-0.279}*T_c^{0.463}$ (Pauly，1980)，其中 K 为 von Bertalanffy 生长曲线的平均曲率，L_∞ 为渐近体长，T_c 为种群栖息地（水域）的年平均温度（℃）；在均衡条件下，$F=Y/B$，进而估算出 Z。

Beverton 和 Holt (1957) 研究表明，总死亡率 Z 与体长的关系为：

$$Z=\frac{K\times(L_\infty-\bar{L})}{\bar{L}-L'}\tag{13}$$

式中，$\bar{L}$ 是种群的平均长度；L' 为渔获物的平均长度，$\bar{L}<L'$；L_∞ 可根据 von Bertalanffy 生长方程：$L_t=L_\infty[1-e^{-K(t-t_0)}]$ 的渐近线求出。因此在输入的基本参数中，具有生长方程的鱼类和虾类，一定要输入其生长方程，才能计算缺失的参数，并可为参数的调整提供相应的范围。

Palomares 和 Pauly 在对多种海洋和淡水鱼类的研究基础上，提出了估计 Q/B 系数的三个多元回归模型：

$$Q/B = 3.06 \times W_{\infty}^{-0.168} \times T_c^{0.6121} \times A^{0.5156} \times 3.53e^{F_t} \tag{14}$$

两边取自然对数可以表示为：

$$\ln(Q/B) = -0.1775 - 0.2018\ln W_{\infty} + 0.6121\ln T_c + 0.5156\ln A + 1.26F_t$$

(Palomares & Pauly，1989)

$$\log(Q/B) = 7.964 - 0.204\log W_{\infty} - 1.965T' + 0.083A + 0.532h + 0.398d$$

(Palomares & Pauly，1998)

$$\log(Q/B) = 6.37 - 1.5045T - 0.618\log W_{\infty} + 0.140f + 0.276F_t$$

(Palomares & Pauly，1990)

式中，W_{∞} 为鱼类种群的渐近体重；A 是尾鳍的外形比（aspect ratio），指尾鳍高度的平方与面积之比，反映了鱼类的活动代谢能力；F_t 是摄食类型（肉食性为 0，植食性和碎屑食性为 1）；h 和 d 是与食物类型相关的虚拟变量（$h=1$，植食性；$h=0$，肉食性、碎屑食性；$d=0$，植食性、肉食性；$d=1$，碎屑食性）；f 可以是 0.5、1、2 或者 4，f 是摄食类型变量（顶层捕食者、中层捕食者、食浮游动物者是 1；其他摄食类型为 0）；T' 为种群栖息地（水域）的年平均温度的另一种表示形式：$T' = \frac{1000}{T_c + 273.5}$。

在上述三个模型中，第一个模型的使用率较高；第三个模型适合不以尾鳍作为（主要）游泳器官的鱼类，公式中没有尾鳍外形比，鱼的活动能力是通过其摄食类型来表达的。

第三节　Ecopath 模型调试

Ecopath 模型的调试过程是使生态系统的输入和输出保持平衡，模型平衡满足的基本条件是 $0 < EE \leqslant 1$。Ecopath 模型建立的置信度的高低取决于参数来源的可靠性和准确性。模型的可信度和灵敏度分别采用 Ecopath 模型中的 Pedigree 指数和敏感度（sensitivity analysis）进行评价（Christensen et al.，2004）。Pedigree 指数：0～1.0，1.0 指数据质量较高，通过精确采样获得；0 指模糊的数据来源，数据参考其他模型或文献等。敏感度分析测试是通过改变模型每个功能群的基本输入参数，以 10%的步长变化，测试变动范围从－50%到 50%输入参数的改变对被估计参数的影响程度。

通过每个功能群中每个参数的 Pedigree 指数，Ecopath 模型的整体数据质量指标（P）可用下式表示：

$$P = \sum_{i=1}^{n} \sum_{j} \frac{I_{ij}}{n} \tag{15}$$

式中，n 为模型功能群的个数，I_{ij} 是功能群 i 参数 j 的 Pedigree 指数，j 指 B 值、P/B 值、Q/B 值、捕捞量或者食性分析数据。

在数据提交和处理过程中，可以运用模型自带的 Ecowrite 记录数据的来源及引用情况。当输入原始数据，初始参数化估计后，不可避免地得到一些功能群的 $EE>1$（不平衡功能群），平衡 Ecopath 模型可以利用 Ecopath 模型的自动平衡函数（automatic mass-balance function；Kavanagh et al.，2004）设定置信区间（输入参数变动 10%），调整不平衡功能群的食物组成以及其他参数，同时，检查食物转换效率 GE（生产量与消耗量的比值，P/Q）是否满足 0.1～0.3（Christensen et al.，2004），而且每个功能群的 P/Q 值要小于净效率值（生产量/食物消化量）。重复调试，直至 $0<EE\leqslant 1$。

第四节　Ecopath 模型的基本结果

对生态系统生物种类间的营养相互作用分析有利于理解生态系统的结构和功能。林氏椎图（Lindeman Spine；Lindeman，1942）是一个简化的食物网形式，能直观地描述能量流动和生物量在营养级间的转移过程，以及各营养级间的生态转换效率（transfer efficiency）。营养级（trophic level，TL）定义了功能群在生态系统中的营养位置，分析食物网营养相互作用的基础，可以表示为整数或者分数的形式，计算公式如下：

$$TL_i = 1 + \sum_j (DC_{ij} \times TL_j) \tag{16}$$

式中，DC_{ij} 是被捕食者 j 占捕食者 i 的食物组成的比例，TL_i 是捕食者 i 的营养级，TL_j 是被捕食者 j 的营养级，目前国际上定义初级生产者和碎屑的营养级为 1 级。

每一营养级的生态转换效率是这一级的生产量（输出和流动的总和）与传递到下一营养级的生产量的比值，即被摄食消耗或者捕捞利用的比值。Ecopath 模型可以计算食物重叠指数（Pianka，1974），用于反映捕食者摄食同一被捕食者的食物重叠程度，计算公式如下：

$$O_{jk} = \sum_{i=1}^{n} (p_{ji} \times p_{ki}) / \sqrt{(\sum_{i=1}^{n} p_{ji}^2 p_{ki}^2)} \tag{17}$$

式中，p_{ji}、p_{ki} 分别是捕食者 j 和 k 摄食被捕食者 i 的比例；O_{jk} 是捕食者 j 和 k 的食物重叠指数，$O_{jk} \in (0,\ 1)$，0 和 1 分别指两种捕食者无竞争和完全的食物重叠，中间值是两种捕食者对食物的部分利用（Christensen et al.，2004）。

Ecopath 模型可以利用混合营养分析程序分析各功能群间的营养相互关系（mixed trophic impact，MTI），该方法是 Ulanowicz 和 Puccia（1990）以 Leontief（1951）的经济投入产出方法为基础，加以修改引用到 Ecopath 模型的。MTI 描述了生态系统各功能群之间的营养影响——直接的、间接的影响，包括捕食和竞争的相互作用等。MTI 可以被表示如下：

$$MTI_{ji} = DC_{ji} - FC_{ij} \tag{18}$$

式中，DC_{ji} 见公式（3），FC_{ij} 是捕食者 i 占被捕食者 j 的捕食者组成的比例，渔业捕捞也可被考虑为“捕食者”，$MTI \in (-1,\ 1)$。

基于 MTI 分析，Ecopath 模型提供了辨识关键种的方法。生态系统的关键种是生物量相对低但在生态系统和食物网中承担着重要的作用的生物种类（Power et al.，1996），对关键种的辨识可以认识生态系统对外来物种侵袭、生物群落大的变动以及其他扰动的应对能力。通过绘制每一个功能群的总体效应（overall effect，ε_i）与关键指数（Keystoneness，KS_i）的对应图，可以辨识关键种（Libralato et al.，2006）。总体效应（ε_i）计算公式如下：

$$\varepsilon_i = \sqrt{\sum_{j \neq i}^{n} m_{ij}^2} \tag{19}$$

式中，m_{ij} 是食物网中连接被捕食者 i 与捕食者 j 的所有可能路径上的所有影响之和。

生物种类的关键指数（KS_i）可以表示为功能群的总 MTI 与生物量的函数：

$$KS_i = \log[\varepsilon_i(1 - p_i)] \tag{20}$$

式中，p_i 是功能组对食物网总生物量的贡献比例，当功能组的生物量值较低而 ε_i 值较高时，对应较高的 KS_i，与关键种的定义是一致的。

系统总流量（TST）是生态系统的能量流动总和，反映了系统规模的大小，包括总摄食消耗量、总输出量、总呼吸量以及流入碎屑量，用数学公式表示如下：

$$TST = \sum_{i=1,\ j=1}^{n} T_{ij} \tag{21}$$

式中，T_{ij} 是功能组 j 、i 之间的能量流动。

自互信息反映了系统各个组成部分的自组织程度、量化了相互作用的程度：

$$AMI = \sum_{i,\ j} \frac{T_{ij}}{TST} \times \log\left(\frac{T_{ij} \times TST}{T_j \times T_i}\right) \tag{22}$$

式中，T_i 是功能组 i 的所有输出流动的和，T_j 是功能组 j 的所有输入流动的和（Ulanowicz，2004）。

聚合度（A）是 TST 与 AMI 的乘积，是生态系统发展程度与成熟度的关键指标，聚合的增长是生态系统发育的一般特征（Ulanowicz，1986；Ulanowicz and Norden，1990）。信息容量（C）是聚合度的最大上限，描述了系统发展的最大空间，计算如下：

$$C = TST \times H \tag{23}$$

式中 H 为系统熵值，利用 Shannon-Weiner 多样性公式计算获得，表征系统流动的多样性，用公式表达如下：

$$H = -\sum_{ij} \frac{T_{ij}}{TST} \times \log\left(\frac{T_{ij}}{TST}\right) \tag{24}$$

信息容量与聚合度的差值，称为系统开支（system overhead），反映了系统遇到扰动的恢复能力（Heymans，2003），包括系统输入、输出、呼吸以及内部流动方面的开支。内部流动开支（overhead on internal flows）被称为冗余度（R），用公式表示为：

$$R = -\sum_{i=1}^{n}\sum_{j=1}^{n}(T_{ij}) \times \log\left[\frac{T_{ij}{}^2}{\sum_{j=1}^{n} T_{ij} \times \sum_{i=1}^{n} T_{ij}}\right] \tag{25}$$

在本节中 A 和 R 都以与 C 的比值形式表达。较高的 R 值，意味着系统流动的路径不仅仅是集中在 1～2 个主要的通道，而是有多个通道可供选择。

Ecopath 模型的生态网络分析（network analysis）功能能够计算评估生态系统的成熟度和稳定性以及食物网特征的生态指数、捕捞对生态系统影响程度的渔业指数（Odum，1969；Christensen et al.，2004）。这些生态系统指数包括总初级生产量与总呼吸量的比值（the total primary production/total respiration ratio，TPP/TR）、总初级生产量与总生物量的比值（The primary production/biomass ratio，TPP/B）、连接指数（connectance index，CI)、系统杂食指数（system omnivory index，SOI)、Finn's 循环指数（Finn's cycling index，FCI）等（Odum，1969；Finn，1976；Ulanowicz，1986；Ulanowicz and Norden，1990；Christensen et al.，2004）。评估捕捞对生态系统影响的渔业指数包括渔获物的平均营养级（the mean trophic level of the catch，TLc)、总捕捞效率（the gross efficiency of the fishery）以及维持捕捞所需的初级生产量（the primary production required to sustain the fishery，PPR）等。

Ecopath 的网络分析指数分析了生态系统的能量流动，生态系统的总流量是生态系统的能量流动总和，反映了系统规模的大小（Ulanowicz，1986)，它是总摄食消耗量、总输出量、总呼吸量以及流入碎屑能量的总和。

第五节　Ecosim 模型

Ecosim 模型（Walters et al.，1997）在 Ecopath 模型的基础上加入时间动态模块，利用觅食场所理论（Walters and Juanes，1993；Walters and Korman，1999；Walters and Martell，2004）模拟捕食过程，被捕食者的生物量分为易捕食部分和不易捕食部分，通过设置转换率的大小描述食物网的上行（bottom-up）或者下行（top-down）营养控制以及蜂腰（wasp-waist）控制，通过捕捞强度的改变、捕食者与被捕食者之间的关系以及捕食行为变动，模拟生态系统长期、短期的动态变化。

Ecosim 利用 Ecopath 第一个主方程产生微分方程估计每个功能群的生物量动态，基本方程如下：

$$\frac{dB_i}{dt}=g_i\sum_{j=1}^{n}f(B_j, B_i)-\sum_{j=1}^{n}f(B_i, B_j)+I_i-(M_i+F_i+e_i)\times B_i \quad (26)$$

式中，dB_i/dt 指功能群 i 在单位时间的生物量变化；g_i 是净生长效率（生产量与消耗量的比值）；I_i 是迁入量；e_i 是迁出率；M_i 和 F_i 分别是功能群 i 的自然死亡率和捕捞死亡率；$f(B_j, B_i)$ 是基于觅食场所理论的捕食者 j 对被捕食者 i 摄食量的预测函数，将饵料生物的生物量分成两部分，即易被捕食部分（vulnerable）和不易被捕食部分（invulnerable)，另：

$$f(B_j, B_i)=\frac{v_{ij}a_{ij}B_iB_j}{v_{ij}+v'_{ij}+a_{ij}B_j} \quad (27)$$

式中，v 和 v' 指饵料在易捕食和不易捕食两种状态之间的转换率，通过设置参数 vulnerability（v_{ij}），模拟捕食者和被捕食者的相互关系；参数与生态系统的容纳量直接相关，描述了饵料生物的被捕食死亡率的最大增长空间；v_{ij} 设置为 1 表明饵料 i 与捕食者 j 之间的捕食关系以上行控制为主，v_{ij} 设置远大于 1 表明以下行营养控制为主，中间值指混合营养控制（Christensen et al.，2004；李云凯等，2009)；a_{ij} 指捕食者 j 对饵料 i 的有效搜索效率。

Ecopath with Ecosim（EwE）模型以单一物种种群评估为基础，将评估中获得的大部分信息融入生态系统。Ecosim 模型通过引入功能群的时间强制序列数据调试参数脆弱性，时间序列强制数据包括渔业死亡率、捕捞努力量、生物量（相对生物量或绝对生物量）、捕捞量、时间强迫函数（初级生产量、海表温度等环境变量）等。Ecosim 每次运行时，都会生成对上述时间序列数据拟合优度的统计度量，这种拟合优度是对数生物量与预测生物量的平方偏差的加权和。

Ecosim 模型利用“闭合循环模拟”和“开放循环模拟”两个模块，设定经济、社会就业、生态系统稳定、合法性等目标利益的管理策略，进行渔业管理模拟评价。“开放循环模拟”赋予多重管理目标（经济、社会和生态）不同的权重，利用非线性搜索程序 Davidson-Fletch-Powell（DFP，共轭坡降法）搜索，可满足这些目标最佳的相对渔船规模；“闭合循环模拟”在开放循环模拟结果的框架下，综合考虑种群评估动力学和控制过程不确定性（包括评估过程的动力学、生物量估算的误差以及捕捞强度随时间的变化等），评估开放模拟结果的有效性。Ecosim 模型用于渔业政策模拟时，时间序列拟合使用捕捞量或捕捞死亡率数据作为模型运行的驱动因素，管理主要基于对不同作业类型的相对捕捞努力量的控制，而不是基于多鱼种配额制度。

Ecosim 模型用来评估渔业对生态系统影响的海洋营养指数，主要有 Q-90 多样性指数、渔获物平均营养级（the mean trophic level of fishery catch，TLc）、FIB 指数（fishing-in-balance index，FBI）以及总捕捞量等。

Q-90 多样性指数是 Kempton's Q 指数（Kempton and Taylor，1976）的一个变量，描述了生态系统功能群的多样性，综合了功能群的丰富度和均匀度，由累积种类丰度曲线的斜率计算得出（Ainsworth and Pitcher，2005），公式如下：

$$Q\text{-}90=\frac{0.8S}{\log(R_2/R_1)} \tag{28}$$

式中，S 是模型中种类（功能群）的个数，R_1 和 R_2 分别是累积种类丰度分布的 10% 和 90%对应的生物量值。

渔获物的平均营养级作为海洋营养指数之一，可以衡量海洋生态系统的生物多样性水平（Pauly and Watson，2005），计算公式如下：

$$TLc_k=\sum_i(Y_{ik}\times TL_i)/\sum_i Y_{ik} \tag{29}$$

式中，TLc_k 为第 k 年的渔获物平均营养级，Y_{ik} 为捕捞种类 i 在第 k 年的捕捞量，TL_i 为捕捞种类 i 的营养级。

FIB 指数作为衡量捕捞产量与营养级间“平衡”的指标，定义如下：

$$FIB_k=\log[Y_k\times(1/TE)^{TLc_k}]-\log[Y_0\times(1/TE)^{TLc_0}] \tag{30}$$

可简化为：

$$FIB_k=\log[Y_k/Y_0]+TLc_0-TLc_k \tag{31}$$

式中，Y_k 为第 k 年的捕捞产量，TE 为平均转换效率（通常设定为 10%；Pauly and Christensen，1995），下标 0 表示基准年，本研究中采用 1982 年作为基准年。FIB 指数的定义指出，当 TLc 的变化与捕捞产量的变化（生态意义上正确）相匹配时，FIB 无变化（保持 0 值）；当“下行影响”（初级生产力增长）或者渔业捕捞出现地域扩张的情况（系统的定义已被改变）时，FIB 呈增长趋势（>0）；当渔业消耗生态系统过多的生物量导致生态系统的功能减弱时，FIB 呈下降趋势（<0）。

第三章　Ecopath with Ecosim 模型应用

Ecopath with Ecosim（EwE）模型是基于多营养层次的生态系统模型，考虑了生态系统各个组成部分间的相互作用，探讨了海洋食物网复杂的相互关系，可以对生态系统的结构和能量流动进行量化和综合的分析；利用捕捞移除高营养级目标种，通过食物网的营养连接对生态系统产生的影响，能够分析渔业活动对生态系统的影响，是分析生态系统营养结构和功能、探讨渔业对生态系统影响的较好工具。

EwE 模型利用 Ecopath with Ecosim 软件构建，被世界各地普遍使用。利用该软件构建的生态系统模型超过 500 个，每年被文献引用 700 多次，在 668 份出版物中有描述（2016 年 4 月 19 日检索）。目前 EwE 模型部分被用不同的编程语言重新编码（Steenbeek et al.，2015），如 Fortran（Akoglu et al.，2015）、Matlab（Kearney et al.，2013）、R 语言（Lucey et al.，2014）。

EwE 模型被广泛应用于生态系统的渔业管理、结构与功能、环境改变与气候变动的分析中，Morissette（2007）统计了世界范围内的 325 个 EwE 模型，生态系统结构分析占 42%，渔业管理占 30%，理论生态学占 11%，海洋保护区模拟评估占 6%。1984—1993 年，EwE 模型主要被应用于热带海洋系统建模，进行简单的食物网功能描述；1994—2014 年，EwE 模型开始被应用于各种生态系统，包括极地地区、陆地系统、海湾、湖泊、人工鱼礁等，研究领域涉及污染、水产养殖和海洋保护区等多个主题（Colléter et al.，2015）。EwE 模型近期的最新应用，主要是解决与海洋生态系统健康有关的关键和复杂问题，如物种入侵、非法捕捞活动、气候变化以及沿海地区新活动（例如水产增养殖和基础设施发展）的发展（Villasante et al.，2016）。

在本章中，主要介绍 EwE 模型在水生生态系统中如下 4 个方面的应用：① 探讨食物网生物种类间的营养相互关系，描述生态系统的营养结构和能量流动，对水生生态系统的结构和功能进行分析；通过比较不同时期的生态系统模型，比较其生态系统特征，量化评估外界干扰等对生态系统的影响；②评价渔业活动和气候变化对水生生态系统的影响，提出适宜的生态系统渔业管理措施；③模拟海洋环境污染对水生生态系统的影响，分析稳态污染物进入食物网后在生态系统中的分布、积累和转运；④评估水生生态系统的生态容量，提出适宜的渔业资源增养殖管理措施。

第一节　水生生态系统的结构和功能评价及能量流动分析

EwE 模型利用营养动力学原理，估算食物网的相关参数，如杂食指数、食物重叠指数、平均路径长度及优势度，明确能流的分布和循环、各营养级间的能流效率等，探讨食物网生物种类间的营养相互关系，直观地描述生态系统的营养结构和能量流动。Odum（1969）从系统能量学、群落结构、生活史、物质循环及稳态 5 个方面选取了 24 个指标，全面归纳生态系统发育过程中结构与功能特征的变化趋势，Ecopath 模型通过导入网络分析软件（NETWRK 4.2a software；Ulanowicz，1999），将上述指标整合在模型中，分析每个网络的营养结构、能量流动的循环等系统状态，进行生态系统的结构和功能分析。利用 EwE 模型对同一水域不同时期或者同一时期不同水域生态系统构建生态系统模型，比较其结构功能状态，是评价生态系统变化趋势的有效工具；通过比较干扰发生前后的系统状态，可以量化评估外界干扰对生态系统的影响。

仝龄等（2000）运用 EwE 模型对渤海生态系统结构进行了初步分析；Jiang 等（2008）构建了东海 Ecopath 模型，将大型水母作为一个独立的功能群，从能量平衡的角度探讨大型水母旺发对东海生态系统的营养结构和能量流动的影响，提出抑制大型水母暴发加剧的控制机制的假说；李永刚等（2007）对嵊泗人工鱼礁生态系统的结构和功能进行了分析；Cheng 等（2009）、李云凯等（2010）利用 Ecopath 模型对东海生态系统的结构和功能开展了分析；Lin 等（2013）构建了黄海南部 Ecopath 模型，从生态系统能量平衡的角度分析了各功能群的营养相互作用、生态系统能量流动的过程以及系统结构特征。陈作志等（2008）、王晓红等（2009）、林群等（2016）分别对北部湾、南海北部大陆架以及渤海生态系统的不同时期进行了模拟，发现上述生态系统整体呈逐渐“衰退”趋势，为基于生态系统的渔业管理提供了参考依据。

Heymans 等（2004）利用 EwE 模型建立了 3 个本格拉北部生态系统模型（1971—1977 年、1980—1989 年和 1990—1995 年），并比较了 3 个时期生态系统结构的差异；Villanueva 等（2006）比较分析了两个热带礁湖生态系统的营养结构及其相互作用；Zhang 和 Chen（2007）建立了 20 世纪 80 年代和 90 年代两个时期的美国缅因湾龙虾生态系统模型，对 20 世纪 80 年代和 90 年代龙虾 GEM 生态系统的营养相互作用和群落结构进行了比较分析；Cheung（2007）利用 EwE 模型构建了南海北部 20 世纪 70 年代和 21 世纪初的生态系统模型并比较 2 个时期的变化，结果表明生态系统由底栖为主向中上层为主转变，总生物量大幅度下降，生态系统成熟度下降。21 世纪初初级生产主要被渔业利用，而 30 年前，初级生产主要被海洋生物种群利用。Wang 等（2017）研究了海州湾生态恢复区生态系统 2003 年和 2013 年的变化，采用 14 个生态指标对其结构和功能进行了比较评价，与 2003 年模型相比，2013 年生态系统发展成为一个相对成熟的系统。

第二节 渔业活动和气候变化对水生生态系统影响研究

EwE 模型评价渔业活动对生态系统的影响，是生态系统水平的渔业管理方法之一。通过构建不同时期的 EwE 模型，比较其生态系统特征，分析和模拟生态系统的发育过程，并预测不同捕捞强度及管理措施下生态系统的发展，提出适宜的生态系统管理措施。气候改变对海洋生态系统的影响方面目前也有一些研究，可通过浮游植物的生物量、环境变动间接地模拟环境的影响（Christensen and Walters，2004），气候变化通过上行控制影响生态系统其他营养级种类的生物量，EwE模型可以导入初级生产力时间驱动序列模拟气候变化对生态系统的影响。

Shannon等（2000，2004）构建了本格拉涌升流区生态系统的EwE模型，模拟研究了不同捕捞策略对本格拉上升流生态系统的影响，提出了生态系统渔业管理的框架。Christensen等（1998）研究了渔业活动对泰国湾海洋生态系统的影响，并用Ecosim模型模拟和分析了如何在减少渔业压力的条件下恢复生物资源。Maria等（2006）构建了加勒比海、哥伦比亚北部上升流区的虾拖网渔业生态系统模型，应用Ecosim动态模拟了引进降低副渔获物装置对生态系统的影响等。Zeller等（2004）利用EwE模型对法罗群岛海洋生态系统进行了模拟，测试比较了适用的渔业管理措施，并利用Ecospace路线进行了空间动态仿真，结果表明设立禁渔区有利于保护底层鱼类的主要资源，大西洋鳕（*Gadus morhua*）、黑线鳕（*Melanogrammus aeglefinus*）等生物量有增加的趋势等。李云凯等（2009）采用Ecosim模型对1961—2002年太湖生态系统的发育动态进行了模拟，认为在不恰当的渔业管理下，太湖由复杂的4级生态系统向简单的3级生态系统演替，从平衡、稳定、生物多样性较高的“成熟”生态系统逆转为脆弱、动荡、生物多样性较低的“幼态”生态系统。江红等（2010）在东海Ecopath模型基础上，根据东海渔业资源开发利用现状，模拟系统在经济、社会和生态三重准则下对多种渔业管理政策的响应，认为东海海洋捕捞作业结构调整的总体思路应是减少拖网作业、控制围网和流刺网作业、大力发展外海渔业。陈作志等（2007）以1997—1999年北部湾生态系统的Ecopath模型为基础，模拟了不同管理策略对北部湾捕捞结构的影响，以经济利益最大化为管理策略时，会提高所有渔具（除拖网）的捕捞努力量；社会利益最大化时，会增加小型渔业尤其是混合渔业的捕捞努力量；而生态稳定性最大化时，则要求所有渔业的捕捞努力量都必须降低甚至停止。陈作志等（2009）利用Ecospace进一步模拟了不同的管理情景对北部湾生态系统的影响，发现缺乏管理的禁渔制度和伏季休渔制度对北部湾海洋资源的养护作用不显著，在北部湾沿岸和中南部海域设立大型的非渔业活动区都可有效降低捕捞强度和恢复渔业资源，提高渔获质量。Bacalso等（2016）构建菲律宾维萨亚斯群岛的EwE模型，假设成功禁止非法渔业，对该地区潜在的生物和社会经济效应进行分析，研究发现，消除非法渔业是一项有利可图的战略，通过将流离失所的非法渔民重新分配到合法渔业，在生计有限的情况下，城市渔业人均加权平均纯利润收入较目前水平有较大幅度的提高（38%）。

Field等（2006）根据捕捞死亡率、相对渔获量和气候变化的历史数据，进行了北加利福尼亚海流生态系统的动态模拟，研究发现，气候变化可以从自下而上（通过初级和次级生产的短期和长期变化）和自上而下（通过主要捕食者的丰度和空间分布的变异性）影响生态系统的生产力和动态。Preikshot（2007）利用EwE构建了北太平洋3个海域的生态系统模型，预测了3个不同情景（上行控制、下行控制、两者结合）下的生态系统状态，研究发现初级生产力的异常波动（primary production anomalies）与太平洋10年涛动（Pacific Decadal Oscillation）等气候指数的变动趋势基本相似，虽然渔业捕捞和捕食/竞争效应能够解释重要商业鱼类物种中大多数种群的变化，但所有被建模的物种似乎也都经历了由气候变化驱动的自下而上的影响。Ruzicka等（2016）在传统Ecopath食物网模型基础上耦合了加利福尼亚北部上升流生态系统的全程食物网模型，在不同的物理驱动情景下模拟了上升流特性的变化对研究中所有营养层的功能群的生产量和空间分布的影响，上升流事件的持续时间趋于增加，引起的气候变化将导致短期内所有营养级的生产力总体下降和浮游植物群落的规模组成发生变化。

第三节 海洋环境干扰与污染对水生生态系统影响评估

水体污染往往造成水生生物敏感种类消失，耐污种类增加，物种多样性下降以及群落结构与功能的变化，从而通过上行控制（bottom-up）由下而上地影响整个生态系统的结构。Ecopath 模型能够提供种群生物量、食物组成、生长和代谢参数等信息，通过比较环境干扰前后生态系统的结构以及一些关键种生物量的变化，可以量化评估环境干扰的影响。EwE 软件中附带的 Ecotracer 模块，在 Ecoapth 模型基础上与 Ecosim 或者 Ecospace 同时运行，可很好地用于分析环境稳态污染物进入食物网后在生态系统中的分布、积累和转运（Walters & Christensen，2018）。

Okey 和 Pauly（1998）研究了 1989 年 Exxon Valdez 原油泄漏事件（EVOS）对威廉王子湾（PWS）生态系统的影响，通过比较原油泄漏事件前后 PWS 生态系统的状况，结果表明，原油污染使得浮游动物和浮游植物的生物量减少，并导致系统内的关键种鲱的生物量降低，从而造成了整个生态系统结构的破坏和生产力的下降。Career 等（2000）建立了威尼斯潟湖北部浅水区域的 Ecopath 模型，将该模型的代谢率、食物组成和结构特征等结果作为另外一个生态毒理模型的输入参数，成功地评估了二噁英类（Dioxins）化合物在各种水生生物体内的生物积累。Coombs（2004）建立了东白令海 20 世纪 50 年代和 80 年代的生态模型，通过比较两个模型的各项参数来分析环境变化对该生态系统的影响，此后又结合 Ecosim 与 Ecotracer 模型模拟了 PCBs 在东白令海的各个功能组中 100 年间的积累情况，估算出大量之前难以通过测定获得的数据，这些数据为该区域有关生态环境方面的政策制定提供了宝贵的参考依据；Booth 等（2005）应用 Ecotracer 模型，追踪了毒性污染物甲基汞在法罗群岛海洋生态系统的流动，利用 Ecosim 模型模拟预测出气候变化背景下生态系统甲基汞的增加会导致转移到人类的风险增加；李岚（2008）尝试运用 Ecotracer 模型模拟重金属 Cd 在大亚湾海洋生态系统中的流动，预测不同时间段内重金属 Cd 在各级生物体内的含量变化；Larsen 等（2016）应用 EwE 模型解释了东南巴伦支海在溢油事故发生后出现的海洋生物严重死亡事件，应用 Ecotracer 模型与 Ecospace 模型预测了海洋柴油中 PAHs 的空间传播路径。

第四节 水生生态系统生态容量评估

容量概念来源于种群增长逻辑斯谛方程（唐启升，1996），1934 年 Errington 首次使用这一术语（Kashiwai，1995）。生态容量（ecological carrying capacity）是容量概念的特定使用，生态容量为特定时期、特定海域所能支持的，不会导致种类、种群以及生态系统结构和功能发生显著性改变的最大生物量。Ecopath 模型为生态容量的研究提供了理论指导，基于海域的初级生产量基础，考虑了目标种与食物竞争者、捕食者等之间的相互作用，是一种基于生态系统的建模方法，可评估生态容量，通过不断增加某放流品种的生物量（捕捞量也相应地成比例增加），观察系统中饵料生物等其他功能群的变化，当模型中任意其他功能群的 $EE>1$ 时，模型将失去平衡而改变当前的状态，在模型即将不平衡前的放流品种生物量值即为生态容量。

Ecopath 模型目前被应用于养殖系统中贝类养殖、增殖放流海域、人工鱼礁区域等生态容量的预测。Jiang 和 Gibbs（2005）利用 Ecopath 模型评估了新西兰贻贝养殖的生态容量，表明该海湾的贻贝年养殖容量为 310t，但其生态容量仅 65t。贝类的养殖容量超过生态容量，将显著改变养殖系统食物网的能量流动。徐珊楠等（2010）通过对比养殖鱼类引入前后生态系统 Ecopath 模型的特征参数，通过系统总体特征的大部分参数基本一致或变化不大，来确定生态系统中的尼罗罗非鱼、草鱼、鲢、鳙的养殖生态容量。Byron 等（2011）构建了美国罗德岛温带礁湖的 EwE 模型，计算了贝类养殖的生态承载力，该系统以碎屑流为支撑，能量吞吐率高，具有更高的贝类生物量的能力，养殖牡蛎生物量目前为 12t/km^2，当提高到此值的 62 倍时，才能超过生态承载力。林群等（2013，2015，2018）利用 Ecopath 模型评估了莱州湾中国对虾、三疣梭子蟹以及渤海中国对虾的生态容量，为基于渔业资源增殖养护提供了基础数据。

第五节　应用实例

一、黄海南部生态系统结构与能量流动分析

（一）模型构建

利用建模软件 Ecopath with Ecosim 版本 5.1、6.0 构建黄海南部 Ecopath 模型。将黄海南部生态系统定义为 22 个功能群，包括海洋哺乳动物、海鸟、鲨鳐类、鳀（*Engraulis japonicus*）、黄鲫（*Setipinna taty*）、银鲳（*Pampus argenteus*）、其他中上层鱼类、小黄鱼（*Pseudosciaena polyactis*）、带鱼（*Trichiurus haumela*）、其他底层鱼类、黄鮟鱇（*Lophius litulon*）、细纹狮子鱼（*Liparis tanakae*）、其他底栖鱼类、头足类、虾类、蟹类、大型底栖动物、小型底栖动物、水母、浮游动物、浮游植物、碎屑，基本覆盖了能量流动的全过程。所有的数据标准化为 1 年，生物量、生产量和其他能量流动以湿重（t/km^2）表示。

模型输入数据主要来自 2000—2001 年间黄海南部海域的科学调查。首先，模型参数化估计运行，黄鲫、银鲳、小黄鱼、其他中上层鱼类、带鱼、其他底层鱼类、头足类、其他底栖鱼类、其他中上层鱼类等功能群的 EE 值大于 1（不平衡功能群），这主要是由于摄食或者捕捞量超过了生产量。然后，利用 Ecopath 模型的自动平衡函数设定置信区间（输入参数变动 10%），调整不平衡功能群的食物组成以及其他参数，同时，确保食物转换效率 GE（生产量与消耗量的比值，P/Q）满足 0.1～0.3，而且每个功能群的 P/Q 值要小于净效率值（生产量/食物消化量）。重复调试，直至所有 EE 满足 $0<EE\leqslant 1$。

模型 Pedigree 指数为 0.64，处于较高水平，模型研究主要基于本区域调查数据。对模型进行敏感度分析测试，模型估计参数对来自同一功能群的输入参数的改变最敏感，对于来自其他功能群输入参数的改变有较强的鲁棒性。所有功能群的 B 值和 Q/B 值增加 50%，将导致自身的 EE 估计值平均降低 24%，导致它们的被捕食者的 EE 值增长约

7%。假设所有的输入参数变动 50%，模型的输出参数平均变动 27%。不计功能群组内的影响，大型底栖动物 B 值、Q/B 值的变动对小型底栖动物 EE 值最敏感，浮游动物输入参数 B 值、Q/B 值的变动对浮游植物 Q/B 值的估计最敏感。

（二）营养结构及流动

黄海南部海域生态系统主要渔业种类的营养级在 2.78～4.39（表 3-5-1）。林氏椎图（图 3-5-1）主要整合了从Ⅰ到Ⅴ的 5 个营养级的能量流动与传递。能量流动主要在营养级Ⅰ、Ⅱ和Ⅲ之间进行，营养级Ⅳ以上的能量流动量较小。第Ⅰ营养级产生总系统生产量的 60.56%。总系统生产量是系统流动能量总和，第Ⅱ营养级整合了 35.72%的系统能量流动总和。第Ⅰ营养级主要整合了浮游植物和碎屑功能群的能量流动，而浮游动物和底栖动物功能群整合了高于第Ⅱ营养级流动的 90%。第Ⅲ营养级主要有水母、虾蟹类、头足类、鳀、小黄鱼、黄鲫、其他中上层鱼类、底栖鱼类、其他底层鱼类（高于 70%的能量流动），第Ⅳ营养级的功能群主要有黄鮟鱇、细纹狮子鱼、带鱼、海洋哺乳动物、海鸟、鲨鳐类。

表 3-5-1 黄海南部 Ecopath 模型的基本输入参数和估计参数（黑体）

功能群	营养级 TL	生物量 B (t/km^2)	生产量/生物量 P/B	消耗量/生物量 Q/B	生态营养效率 EE	生产量/消耗量 P/Q	渔获量 [t/(km^2·a)]	捕捞死亡率 F	捕食死亡率 M_2	其他自然死亡率 M_0
1. 海洋哺乳动物	**4.18**	0.005	0.045	14.768	**0.800**	**0.003**	—	**0.000**	**0.000**	**0.009**
2. 海鸟	**3.83**	0.001	0.006	67.022	**0.003**	**0.000**	—	**0.000**	**0.000**	**0.006**
3. 鲨鳐类	**4.00**	0.002	0.590	5.200	**0.657**	**0.114**	0.001	**0.349**	**0.038**	**0.202**
4. 鳀	**3.10**	1.474	3.005	9.700	**0.306**	**0.310**	0.857	**0.581**	**0.337**	**2.086**
5. 黄鲫	**3.22**	0.041	1.697	8.600	**0.939**	**0.197**	0.025	**0.616**	**0.977**	**0.104**
6. 银鲳	**2.78**	0.043	2.320	8.200	**0.885**	**0.283**	0.032	**0.736**	**1.318**	**0.266**
7. 其他中上层鱼类	**3.51**	0.184	1.740	5.980	**0.932**	**0.291**	0.165	**0.901**	**0.720**	**0.119**
8. 小黄鱼	**3.65**	0.111	1.658	5.900	**0.934**	**0.281**	0.074	**0.666**	**0.883**	**0.109**
9. 带鱼	**3.89**	0.049	1.590	5.300	**0.944**	**0.300**	0.049	**1.002**	**0.499**	**0.089**
10. 其他底层鱼类	**3.60**	0.143	1.450	5.000	**0.943**	**0.290**	0.048	**0.332**	**1.035**	**0.083**
11. 黄鮟鱇	**4.39**	0.014	1.160	3.800	**0.947**	**0.305**	0.013	**0.933**	**0.166**	**0.061**
12. 细纹狮子鱼	**4.10**	0.070	0.900	3.600	**0.771**	**0.250**	0.044	**0.627**	**0.067**	**0.206**
13. 其他底栖鱼类	**3.66**	0.035	1.458	4.800	**0.926**	**0.304**	0.021	**0.611**	**0.739**	**0.108**
14. 头足类	**3.65**	0.032	3.000	9.750	**0.947**	**0.308**	0.044	**1.384**	**1.458**	**0.159**
15. 虾类	**2.96**	0.219	8.000	28.000	**0.924**	**0.286**	0.062	**0.281**	**7.107**	**0.612**
16. 蟹类	**3.05**	0.174	3.500	12.000	**0.600**	**0.292**	0.045	**0.257**	**1.842**	**1.402**
17. 大型底栖动物	**2.33**	18.79	1.570	8.600	**0.791**	**0.183**	—	**0.000**	**1.242**	**0.328**
18. 小型底栖动物	**2.05**	3.599	9.000	33.000	**0.368**	**0.273**	—	**0.000**	**3.308**	**5.692**
19. 水母	**3.06**	2.500	5.000	20.000	**0.222**	**0.250**	0.240	**0.096**	**1.016**	**3.888**
20. 浮游动物	**2.05**	9.354	25.000	180.000	**0.668**	**0.139**	—	**0.000**	**16.705**	**8.295**
21. 浮游植物	**1.00**	16.970	106.520	—	**0.619**	**—**	—	**0.000**	**65.918**	**40.603**
22. 碎屑	**1.00**	83.320	—	—	**0.546**	**—**	—	**—**	**—**	**—**

各营养级间的总能量转换效率分别是从第Ⅰ到第Ⅱ营养级 5.0%、从第Ⅱ到第Ⅲ营养级 5.7%、从第Ⅲ到第Ⅳ营养级 18.5%，从第Ⅳ到第Ⅴ以及更高的营养级 19.7%～20.4%。第Ⅱ、Ⅲ营养级的能量转换效率较低，主要是呼吸消耗过高的能量，而且流入碎屑的能量也较高，导致初级生产者和碎屑食物链是黄海南部生态系统食物网的两条重要营养通道，每条通道都为高营养级生物提供了重要的食物来源，黄海南部能量流动主要是在食物网的第Ⅰ、Ⅱ营养级间进行，被更高营养级利用的效率较低，可能与生态系统的上行营养控制有关。黄海南部海域的中低营养级在能量流动、营养传递过程中起着关键作用（图 3-5-1）。

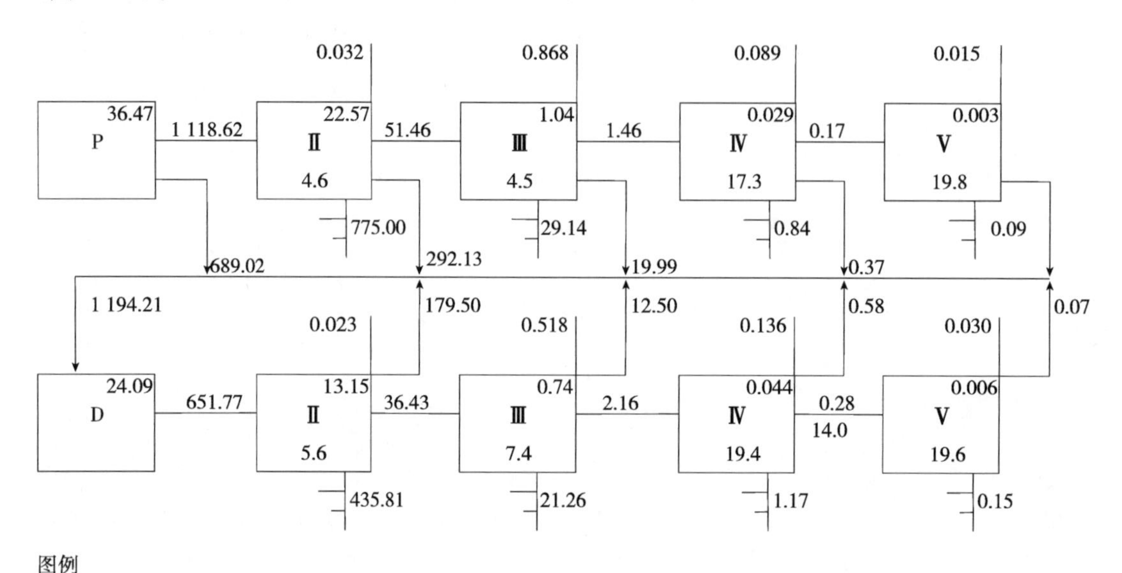

图例

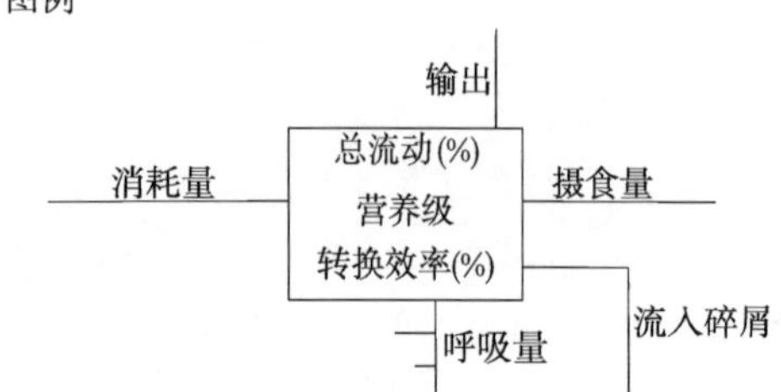

图 3-5-1　林氏椎图

P. 初级生产者　D. 碎屑

黄海南部生态系统各功能群间的营养关系见图 3-5-2。功能群种内影响均为负值，低营养级的浮游植物和碎屑对其他大多数功能群有正影响，其他高营养级的功能群间由于捕食-被捕食关系，竞争资源彼此存在直接或间接影响、正影响或负影响。浮游植物、浮游动物对中上层鱼类、鳀、黄鲫、银鲳、水母等的影响较其他底层鱼类、底栖鱼类的影响显著，而碎屑对虾蟹类、底层鱼类、头足类、大小型底栖动物等影响显著。同时，浮游动物对浮游植物和碎屑有负影响，对浮游植物的影响程度较显著，对碎屑影响较小。鳀对银鲳、黄鲫、其他中上层鱼类有负影响。水母生物量的增加对银鲳和其他中上层鱼类有负影响，影响值分别为－0.19 和－0.05；同时银鲳对水母有较弱的负影响。小黄鱼与其他底层鱼类功能群间由于存在食物重叠，影响为负值，而作为黄鮟鱇的主要被捕食者，其对黄鮟鱇影响为正值。渔业捕捞对鳀、银鲳、带鱼、其他中上层鱼类、细纹狮子鱼、黄鮟鱇有显著负影响，对底栖虾类有正影响。生物种类间由于竞争喜爱的食物而对捕食者和被捕食者存在着直接或间接的、有利的或有害的影响。针对渔业目标种类，实施渔业管理应当考虑到类似的相互作用。渔业捕捞活动通过直接捕捞或者引起副渔获的死亡，对大多数开发种类具有显著负影响，仅对虾类有正影响，而在虾类功能群中脊腹褐虾所占比例较高，虾类是许多鱼类的饵料，渔业捕捞对虾类的有利影响可能是捕捞造成虾类捕食者的下降引起的营养级联效应导致。

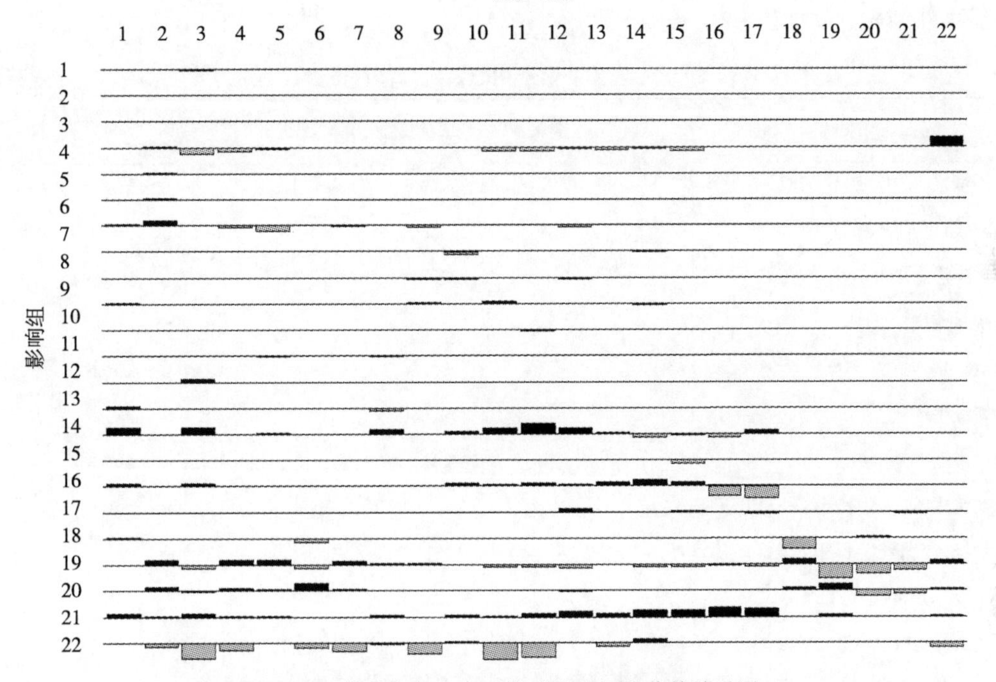

图 3-5-2 黄海南部生态系统功能群间的营养关系图

生物量的增加对其他功能群的影响。正影响矩形向上，负影响矩形向下。1～21 代表的功能群参见表 3-5-1。22 代表渔业

（三）生态系统总体特征分析

对黄海生态系统总体特征分析表明，系统总流量（TST）是 4 956.83 t/（km^2 · a），总消耗量为 1 954.97 t/（km^2 · a）占总能量流动的 39.44%，总呼吸流动为 1 263.50 t/（km^2 · a），总流入碎屑量为 1 194.21 t/（km^2 · a），分别占总能量流动的 25.49%、24.09%。总生产量为 2 108.16 t/（km^2 · a），净生产量为 544.15 t/（km^2 · a），总初级生产量是 1 807.64 t/（km^2 · a）（表 3-5-2）。

首先，在生态系统发育初期，多数功能群的生产量超过呼吸量（TPP/TR>1），系统不断聚集生物量，使生态系统达到成熟时，总生物量趋向最大值，相应的 TPP/B 变小；在成熟的生态系统中总初级生产量与总呼吸量的比值（TPP/TR）接近 1，总初级生产量与总生物量的比值（TPP/B）较低。黄海南部 TPP/TR 为 1.43；TPP/B 较高，为 41.27。

其次，系统杂食指数（SOI）和连接指数（CI）是表征系统内部联系复杂程度的指标，越是成熟的系统，其各功能群间的联系越强，系统越稳定。生态系统由发育的初级阶段向成熟阶段演变的过程中，食物网结构由线性逐渐趋向网状。SOI描述功能群在不同营养级间的捕食分配程度，CI指食物网中实际存在的连接数与所有可能的连接数之比。SOI值介于0和1之间，0是指摄食高度专一化，仅摄食某一个营养级；1是指在多个营养级间摄食。黄海南部生态系统SOI为0.21，CI为0.36。Finn's循环指数（FCI）描述系统生产量被循环利用的程度、生态系统有机物质流转的速度，0＜FCI＜0.1为低再循环率，系统处于发育的早期。黄海南部生态系统FCI为9.83%。黄海南部生态系统处于脆弱的不稳定、不成熟期，有更多的剩余生产量未被利用，食物网趋向于线性结构。

表3-5-2　黄海南部生态系统总体特征参数

参数	黄海南部（2000—2001年）	单位
总消耗量	1 954.97	t/（km^2·a）
总呼吸量	1 263.50	t/（km^2·a）
流入碎屑总量	1 194.21	t/（km^2·a）
系统总流量	4 956.83	t/（km^2·a）
总生产量	2 108.16	t/（km^2·a）
总初级生产量	1 807.64	t/（km^2·a）
净生产量	544.15	t/（km^2·a）
总初级生产量/总呼吸量（TPP/TR）	1.43	
总初级生产量/总生物量（TPP/B）	41.27	
Finn's循环指数（FCI）	9.83	%
系统杂食指数（SOI）	0.21	
连接指数（CI）	0.36	
渔获物的平均营养级（TLc）	3.24	
总捕捞效率	0.000 95	
维持捕捞所需的初级生产量比（PPR）	9.33	%

二、捕捞对渤海生态系统的影响

（一）模型构建

利用Ecopath with Ecosim软件，以1982年的渤海Ecopath静态模型为起始状态，设置17个功能群：鳀、黄鲫、蓝点马鲛（*Scomberomorus niphonius*）、其他中上层鱼类、小黄鱼（*Pseudosciaena polyactis*）、花鲈（*Lateolabrax maculatus*）、底栖鱼类、其他底层鱼类、口虾蛄（*Oratosquilla oratoria*）、虾类、蟹类、棘皮动物、多毛类、头足类、浮游动物、浮游植物、碎屑等，以食物组成矩阵、生物量、生产量/生物量、消耗量/生物量、生态营养效率以及捕捞产量为输入的主要参数，构建渤海 Ecosim 动态模型。

Ecosim 模型通过设置参数脆弱性（vulnerability），模拟捕食者和被捕食者的相互关系（上行控制、下行控制、混合营养控制），本研究中将 v_{ij} 初始值设为混合营养控制模式（v_{ij} =2）；通过引入时间强制序列调试参数脆弱性，采用的时间驱动变量是单位捕捞努力量渔获量（CPUE，每千瓦的平均产量，t/kW）（图 3-5-3）和渔业相对捕捞强度（图 3-5-4），数据引自《中国渔业统计年鉴》。渔业相对捕捞强度为捕捞努力量（渔船功率）的时间序列，将各年的捕捞努力量除以起始年份的捕捞努力量，得到以 1 为起始值的时间强制序列。

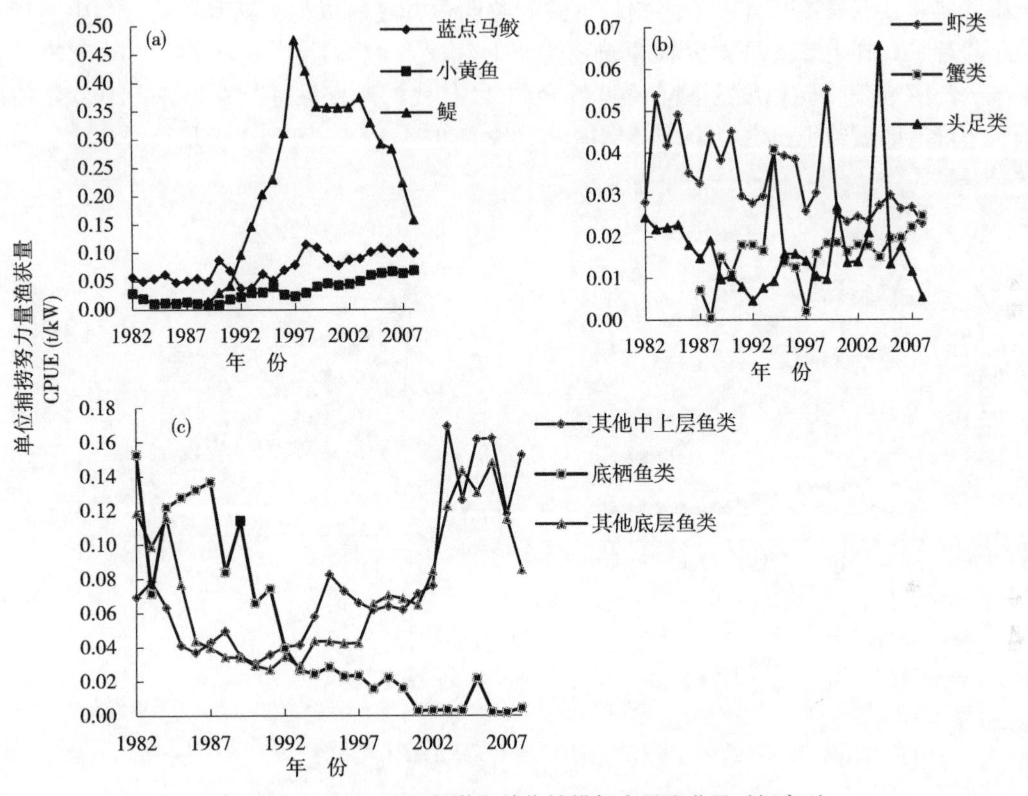

图 3-5-3 1982—2008 年渤海单位捕捞努力量渔获量时间序列

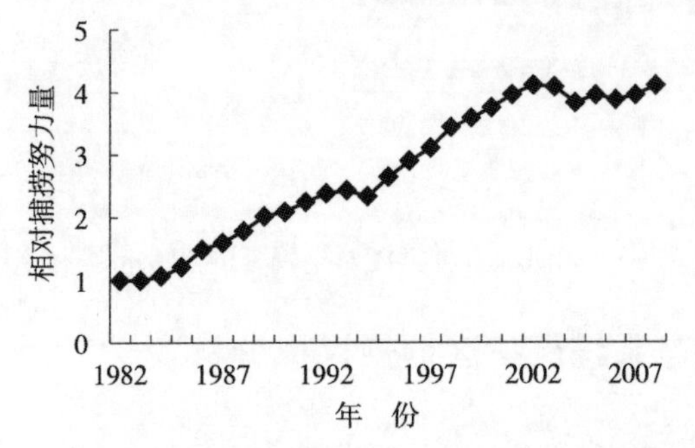

图 3-5-4 1982—2008 年渤海渔业相对捕捞强度时间强制序列

（二）渤海渔业种类生物量变化趋势的动态模拟

利用 CPUE 和捕捞努力量数据进行渤海 Ecosim 模型脆弱性参数的调试，较好的调试误差平方和（SS）为 121.3。Ecosim 模型模拟了 1982—2008 年渤海鱼类、大型无脊椎动物相对生物量（当年生物量/初始生物量）的动态变化，结果如图 3-5-5 所示。结果表明在捕捞强度和单位捕捞努力量渔获量时间序列驱动下，鳀的相对生物量在 20 世纪 80—90 年代有所上升，90 年代中期迅速下降；主要经济鱼种小黄鱼的生物量在 80 年初期有所上升，而后逐渐呈下降趋势，2002 年之后资源量稍有恢复；大型中上层鱼类蓝点马鲛的生物量在 1982 年以后一直呈下降趋势，2008 年仅为 1982 年的 15%；黄鲫、花鲈生物量呈下降趋势，1982—1992 年花鲈生物量下降趋势明显；底栖鱼类、其他底层鱼类生物量均呈下降趋势；虾类、头足类生物量略有上升，蟹类生物量略有下降；口虾蛄生物量在 1982—1987 年有一定幅度的下降，1988 年到 90 年代初一直保持上升趋势，2000 年前后出现下降，而后趋于稳定，2008 年增加为 1982 年的 4.6 倍。其他中上层鱼类生物量基本保持稳定。

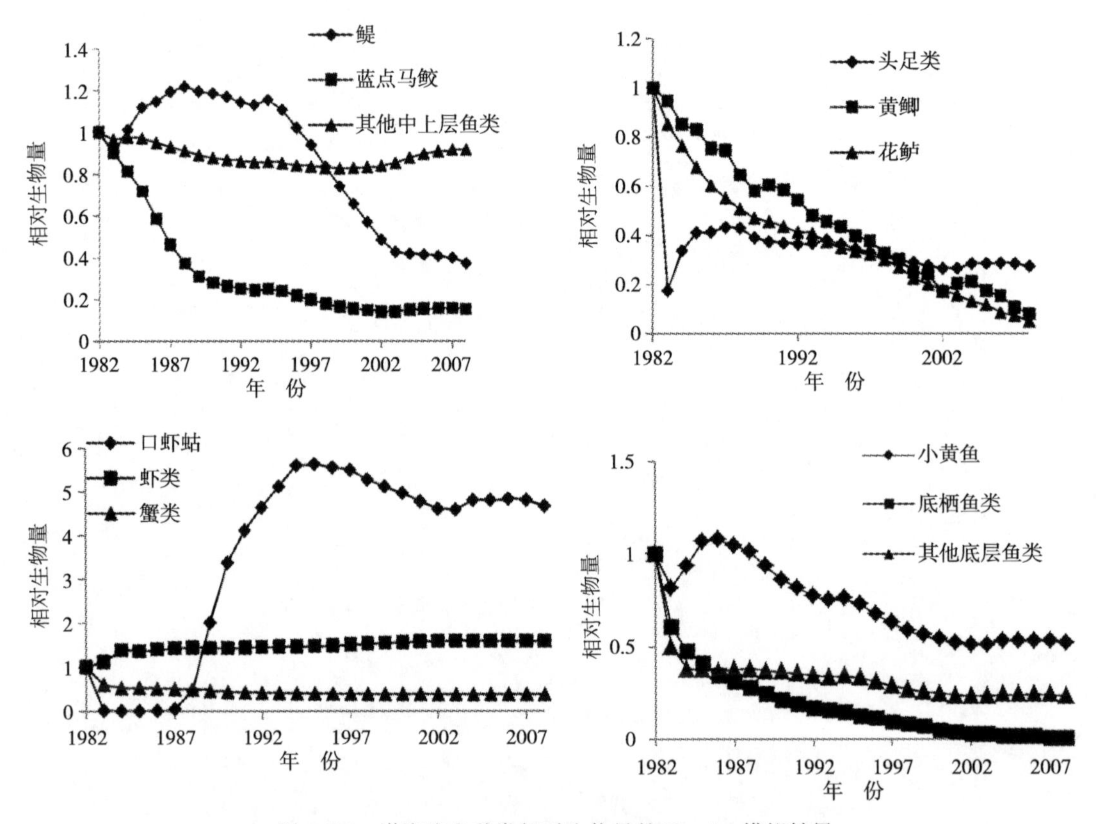

图 3-5-5　渤海渔业种类相对生物量的 Ecosim 模拟结果

三、东海渔业生态系统保护区情景模拟分析

通过构建东海空间生态系统模型，对东海渔业生态系统现有渔业保护区进行情景模拟，从而对东海渔业生产和生态保护目标之间以及渔业活动内部的权衡开展分析（江红，2008）。

（一）东海渔业生态系统空间建模

在以水团分布为主要依据，综合考虑水深、底质、温度、盐度、营养水平、空间结构的基础上，将东海划分为 6 种生境和 3 个保护区（图 3-5-6）。根据 1997—2000 年和 1978—1981 年渔业资源调查资料（郑元甲等，2003；农牧渔业部水产局和农牧渔业部东海区渔业指挥部，1987）以及海洋捕捞和观察记录，划分了 35 个功能组的生境，并给出了每种渔具的使用生境（程家骅等，2006）。

由于目前缺少东海物种迁移率的相关研究资料，基本迁移率（base dispersal rate）参照 Zeller 和 Reinert（2004）的研究，采用 3 种量级的基本迁移率：3km/a、30km/a 和 300km/a，可分别代表非迁移性物种、底层物种和中上层物种。鲚（*Coilia*）虽属中上层鱼类，但其仅分布在河口和近岸区，因此将其基本迁移速率修正为 150km/a。物种在“不适宜”生境中的相对迁移速率为基本迁移速率的 5 倍，在“不适宜”生境中的被捕食率是“适宜”生境的 2 倍（Christensen et al.，2005）。

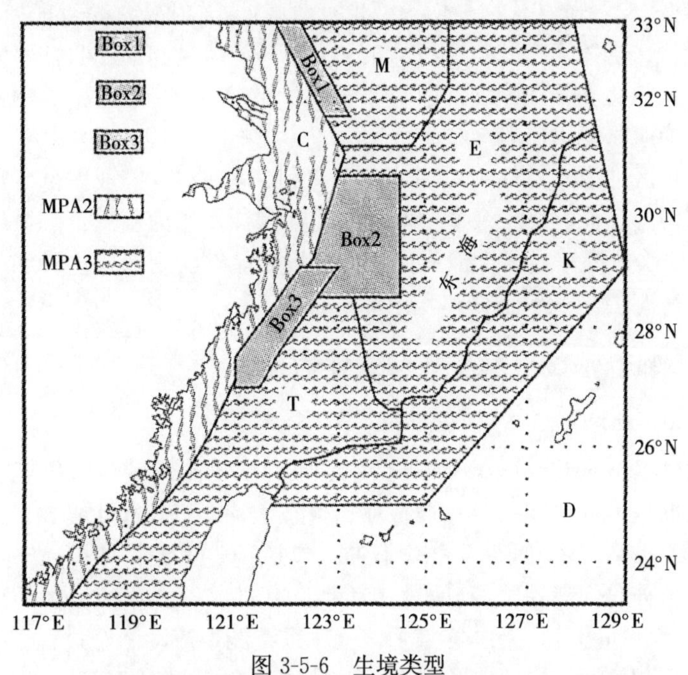

图 3-5-6　生境类型

C. 沿岸流区　M. 东黄海混合水区　E. 东海暖水区　T. 台湾暖流区　K. 黑潮暖流区　D. 黑潮以外海

Box1. 带鱼幼鱼保护区　Box2. 大黄鱼幼鱼保护区　Box3. 东海产卵带鱼保护区　MPA2. 近岸渔业保护区　MPA3. 伏季休渔区

（江红，2008）

（二）保护区情景模拟分析

设立离岸渔业保护区 MPA1 会使保护区内部海域渔获量增加，而系统总渔获量仅增加 0.5%。设立 MPA1 后，除流刺网渔业外其他渔具的渔获量和渔业收益率均有所增加，但变化均未超过±1%。

在禁渔线以西设立近岸渔业保护区 MPA2 后，MPA 内部海域渔获量增加 6.5%，外部海域减少 3%，系统总渔获量增加 4.5%。系统平均营养级稍有提高（0.001），这是因为内部海域平均营养级提高 0.01，外部海域平均营养级有微小降低。设立 MPA2 后渔获物的平均营养级降低了 0.001。平均寿命的变化趋势却和平均营养级正好相反；系统和 MPA 内部海域的平均寿命降低，而外部海域平均寿命提高。同样，系统和 MPA 内部海域的物种均匀度均降低，而外部海域的物种均匀度提高。

设立 MPA 后系统总渔获量和渔业收益率都提高。这主要得益于帆式张网渔业渔获量和渔业收益率的大幅度增加（分别为 45%和 60%），以及流刺网渔业渔获量和渔业收益率的小幅度增加（分别为 1.46%和 2.10%）。其他渔具的渔获量和渔业收益率在设立 MPA2 后都降低。

实施伏季休渔制度后，系统总渔获量增加了 28%，由 MPA 内部海域 48%和外部海域 13%的渔获量增加量共同构成。虽然设立 MPA3 能够使渔获量大幅度增加，并使渔获物的平均营养级降低了 0.02，但对系统平均营养级几乎没有影响。设立 MPA3 使系统和 MPA 内部海域的平均寿命以及物种均匀度也有所降低，而 MPA 外部海域提高。

虾拖网渔业从伏季休渔中获得了巨大的利益，其渔获量和渔业收益率分别增加 91%和 98%。拖网、帆式张网和围网渔业的收益率也有所增加（6%～13%）。只有流刺网和其他渔具的渔获量和渔业收益率略有减少。

东海渔业保护区的设立总体上对渔业产业有利，但在渔业产业内部各部门之间存在成本收益的权衡或博弈。而且，在将平均寿命和生物多样性作为衡量生态系统保护效益的参数时，禁渔线和伏季休渔等大尺度渔业保护区的设立能够实现渔业生产和生态系统保护的双赢。但这种双赢有待进一步研究和验证。

四、黄河口邻近水域贝类生态容量评估

（一）Ecopath 模型构建

利用建模软件 Ecopath with Ecosim 版本 5.1 和 6.1 构建黄河口邻近水域生态系统营养通道模型。依据生物种类间的栖息地特征、生态学特征以及简化食物网的研究策略，将黄河口邻近水域生态系统定义为 17 个功能群，包括重要鱼类、虾类、蟹类、头足类、贝类（包含主要增殖种和优势种）、其他软体动物、有机碎屑、浮游植物、浮游动物、大型底栖动物、小型底栖动物等，基本覆盖了该生态系统能量流动的全过程。生物量、生产量和其他能量流动以湿重（t/km^2）形式表示。生物量主要根据 2013—2014 年黄河口邻近水域的渔业资源环境调查以及黄河口浅海水域贝类资源调查及栖息环境调查，调查时间为 2013 年 5 月、8 月、10 月，2014 年 5 月、10 月。

Ecopath 模型参数化估计首次运行后，不可避免地出现一些功能群的生态营养效率（*EE*）值大于 1（不平衡功能群），这主要是由于摄食或者捕捞量超过了生物生产量值，这些功能群分别是中上层鱼类 1、中上层鱼类 2、底层鱼类 1、底层鱼类 2、虾虎鱼类、虾类、蟹类，因此首先调整这些不平衡功能群的生物量值，然后调整最不平衡功能群的食物组成以及其他参数，直至 $0<EE\leqslant 1$。同时，利用 Pedigree 指数分析模型的数据来源和质量，量化模型输入参数的不确定性。模型中，中上层鱼类 1、中上层鱼类 2、底层鱼类 1、底层鱼类 2、虾虎鱼类、虾类、蟹类的生物量值分别由

0.056 2t/km^2、0.007 8t/km^2、0.009t/km^2、0.003 6t/km^2、0.011 1t/km^2、0.013 8t/km^2、0.006t/km^2调整为0.066 2t/km^2、0.009 8t/km^2、0.012t/km^2、0.004 5t/km^2、0.013 1t/km^2、0.019 8t/km^2、0.008 0t/km^2。

平衡的黄河口邻近水域 Ecopath 模型的输入参数和输出结果如表 3-5-3 所示。调试平衡的 Ecopath 模型功能群的 *EE* 值均小于 1，Pedigree 指数为 0.56，处于较合理范围，模型的可信度较高。模型的敏感性分析表明，估计参数对来自同一功能群的输入参数的变化最敏感；对其他功能群输入参数的变动有较强的鲁棒性；假设所有的输入参数变动 50%，模型的输出参数平均变动 36%。

表 3-5-3　黄河口邻近水域 Ecopath 模型的基本输入参数和估计参数（黑体）

功能群	营养级	生物量（t/km^2）	生产量/生物量	消耗量/生物量	*EE*	渔获量（t/km^2）
1. 中上层鱼类 1	**3.04**	0.066 2	1.605 0	9.800 0	**0.888 9**	0.036 0
2. 中上层鱼类 2	**4.14**	0.009 8	0.880 0	5.700 0	**0.947 5**	0.008 0
3. 底层鱼类 1	**3.40**	0.012 0	1.579 1	4.950 0	**0.962 9**	0.005 0
4. 底层鱼类 2	**3.45**	0.004 5	0.957 8	4.930 0	**0.781 8**	0.003 0
5. 虾虎鱼类	**3.83**	0.013 1	1.592 2	4.700 0	**0.938 7**	0.007 8
6. 虾类	**2.98**	0.019 8	8.000 0	28.000 0	**0.927 2**	0.030 0
7. 蟹类	**3.18**	0.008 0	3.500 0	11.000 0	**0.888 7**	0.010 0
8. 头足类	**3.65**	0.008 2	3.300 0	8.000 0	**0.912 9**	0.009 3
9. 贝类	**2.13**	5.500 0	5.000 0	20.000 0	**0.017 5**	0.210 0
10. 其他软体动物	**2.28**	0.840 0	6.000 0	27.000 0	**0.081 2**	
11. 多毛类	**2.00**	3.183 3	6.750 0	22.500 0	**0.013 8**	
12. 棘皮动物	**2.31**	1.930 0	1.200 0	3.580 0	**0.179 9**	
13. 小型底栖动物	**2.08**	1.703 7	9.000 0	33.000 0	**0.048 7**	
14. 海蜇	**2.93**	0.034 4	5.011 0	25.050 0	**0.882 6**	0.150 0
15. 浮游动物	**2.00**	2.441 9	25.000 0	125.000 0	**0.446 2**	
16. 浮游植物	**1.00**	19.012	71.200 0	—	**0.228 0**	0.003 0
17. 碎屑	**1.00**	34.300	—	—	**0.187 5**	

（二）营养关系分析

黄河口邻近水域各功能群间的营养相互关系如图 3-5-7，反映了功能群生物量的变动对其他功能群的直接和间接影响，有利影响为正值，有害影响为负值。浮游植物和有机碎屑对大部分功能群有正影响；浮游动物、贝类、其他软体动物以及其他底栖生物受到初级生产者和上层捕食者的双重作用，在能量的有效传递上起着关键作用，对系统的影响较强烈。贝类生物量的增加对虾虎鱼类、虾类和蟹类有正影响，影响值分别为 0.13、0.065 和 0.015；对中上层鱼类 2、海蜇、浮游动物功能群有显著负影响，影响值分别为－0.61、－0.89、－0.59；对其他中上层鱼类、底层鱼类也有一定的负影响。

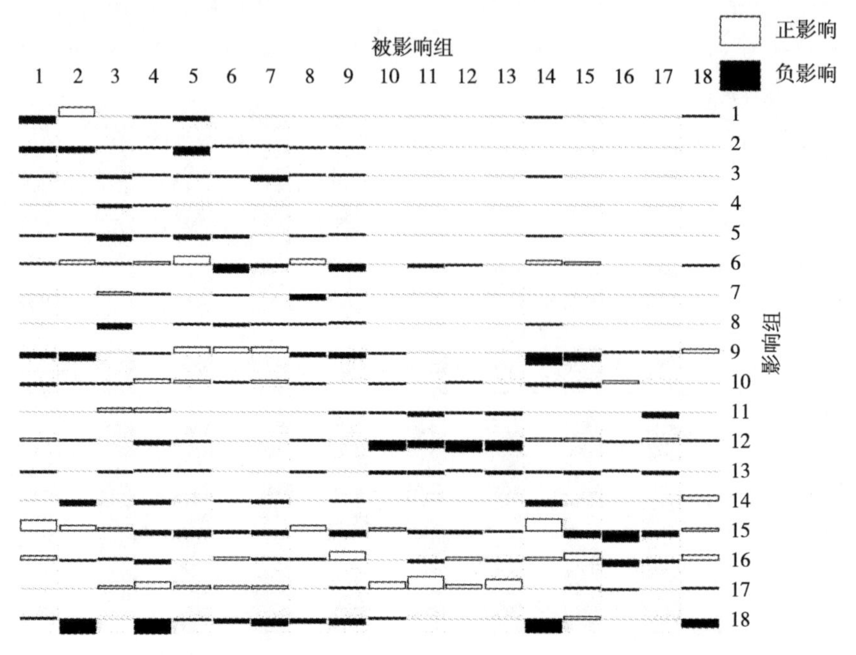

图 3-5-7 黄河口邻近水域生态系统功能群间的营养关系

矩形图向上代表正影响，向下表示负影响

1～17. 见表 3-5-5 18. 渔业

（三）贝类生态容量

当前黄河口邻近水域贝类生物量是 5.5 t/km²，不断增加贝类的数量，势必将加大对饵料生物的摄食压力；当贝类生物量超过 18.22 t/km²时（表 3-5-4），首先浮游动物功能群 $EE \geqslant 1$，随后浮游植物功能群也将 $EE > 1$，模型将失去平衡。黄河口邻近水域能够支撑 18.22 t/km²的贝类，而且不会改变系统其他组成的生物量与流动。Ecopath 模型的网络分析功能计算的描述生态系统能量流动、稳定性、食物网特征等参数见表 3-5-5。对比当前状态与贝类达到生态容量时黄河口邻近水域生态系统的总体特征参数表明，系统净生产量由 961.24t/km²降低为 821.32t/km²；总能量转换效率有所降低，由 5.4%降低为 5.0%；渔业总捕捞效率有所提高，由 0.000 3 提高到 0.001，渔获物的平均营养级由 2.65 降低到 2.39；总初级生产量前后基本一致；系统其他能流与生态系统指数也差别不大，未影响到水域系统的生态稳定性。因此，确定黄河口邻近水域贝类生态容量为 18.22 t/km²。当前贝类的生物量是 5.5 t/km²，有一定的增殖潜力，研究结果可为黄河口邻近水域渔业资源的可持续发展提供管理依据。

表 3-5-4 估计贝类生态容量（下划线）过程中生态系统模型的变动情况

倍数	生物量（t/km²）	捕捞量（t/km²）	模型的变动
1（当前）	5.5	0.21	
2	11	0.42	平衡

（续）

倍数	生物量 (t/km²)	捕捞量 (t/km²)	模型的变动
3.312	18.22	0.695	平衡
3.314	18.23	0.696	浮游动物 *EE*=1
15.32	84.29	3.218	浮游植物 *EE*=1.000 1，浮游动物 *EE*=3.872

注：下划线数字为贝类生态容量。

表 3-5-5　黄河口邻近海域生态系统的总体特征参数及变化

参数	V1	V2	单位
总消耗量	575.09	829.49	t/（km²·a）
总输出量	961.23	821.28	t/（km²·a）
总呼吸量	392.41	532.33	t/（km²·a）
流入碎屑总量	1 197.62	1 109.11	t/（km²·a）
系统总流量	3 126.35	3 292.22	t/（km²·a）
总生产量	1 486.92	1 550.52	t/（km²·a）
渔获物的平均营养级	2.65	2.39	
总捕捞效率	0.000 3	0.001	
总初级生产量	1 353.65	1 353.65	t/（km²·a）
总初级生产量/总呼吸量（TPP/TR）	3.45	2.54	
净生产量	961.24	821.32	t/（km²·a）
总初级生产量/总生物量（TPP/B）	38.91	28.49	
总生物量（不计碎屑）	34.78	47.51	t/km²
连接指数（CI）	0.38	0.38	
系统杂食指数（SOI）	0.12	0.115	
循环指数（FCI）	2.8	3.55	%
总能量转换效率	5.4	5.0	%

注：V1 表示当前的系统状态；V2 表示贝类达到生态容量时的状态。

第四章　渤海中国对虾增殖基础

第一节　浮游植物

浮游植物是海洋生态系统的初级生产者，处于食物链（食物网）最基础的环节，通过光合作用将无机物转化为有机物，并通过次级生产者如浮游生物、微小型植食性生物向更高营养级传递，这些生物构成了海洋生态系统的基础生产力。海洋生态系统的基础生产力的高低，直接影响着生态系统的产出功能，而其他营养级的生物群落大小同样影响着生态系统的结构及其产出功能，因此它们构成了渔业资源增殖的基础。

一、渤海浮游植物种类组成

2014 年 5 月鉴定浮游植物 50 种（含变型、变种），其中，硅藻 21 属 43 种、甲藻 5 属 6 种、金藻 1 属 1 种。硅藻是调查区主要的浮游植物类群，占到各站位出现物种数的 42.9%～100%（平均 83.9%），甲藻为 0～57.1%（平均 16.0%）。硅藻中角毛藻属（*Chaetoceros*）和圆筛藻属（*Coscinodiscus*）的物种较多，分别出现了 5 种和 12 种；甲藻中的角藻属（*Ceratium*）出现了 2 种。

2014 年 8 月鉴定浮游植物 105 种（含变型、变种），其中，硅藻 34 属 81 种、甲藻 10属 23 种、硅鞭藻 1 种。硅藻是调查区主要的浮游植物类群，占到各站位出现物种数的 54.5%～95.8%（平均 79.1%），甲藻为 4.2%～40.9%（平均 19.6%）。硅藻中角毛藻属和圆筛藻属的物种较多，分别出现了 18 种和 9 种；甲藻中的角藻属出现了 5 种。

2014 年 10 月鉴定浮游植物 97 种（含变型、变种），其中，硅藻 35 属 80 种、甲藻 7 属 16 种、金藻 1 属 1 种。硅藻是调查区主要的浮游植物类群，占到各站位出现物种数的 33.3%～88.9%（平均 66.1%），甲藻为 11.1%～66.7%（平均 33.0%）。硅藻中角毛藻属和圆筛藻属的物种较多，分别出现了 17 种和 13 种；甲藻中的角藻属出现了 5 种。

2015 年 1 月鉴定浮游植物 74 种（含变型、变种），其中，硅藻 34 属 61 种、甲藻 9 属 12 种、硅鞭藻 1 种。硅藻是调查区主要的浮游植物类群，占到各站位出现物种数的 76.2%～100%（平均 91.9%），甲藻为 0～23.8%（平均 7.4%）。硅藻中角毛藻属和圆筛藻属的物种较多，分别出现了 8 种和 10 种；甲藻中的角藻属出现了 2 种。

浮游植物生态类型多为温带近岸种，少数为暖水种和大洋种。各季节浮游植物优势种名录见表 4-1-1，硅藻在四个季节皆能形成优势，甲藻在冬季无优势种出现。硅藻中的具槽帕拉藻（*Paralia sulcata*）在四个季节皆能形成优势，其在春季的优势度高达 0.34。角毛藻除冬季外皆能形成优势，而圆筛藻则为冬季常见优势种。甲藻中的角藻在夏、秋季形成优势，夜光藻（*Noctiluca scintillans*）在春、秋季形成优势。

表 4-1-1　渤海浮游植物优势种及其优势度

中文名	学名	优势度			
		2014年5月	2014年8月	2014年10月	2015年1月
		硅藻			
八幅辐环藻	*Actinocyclus octonarius*				0.01
透明幅杆藻	*Bacteriastrum hyalinum*		0.005	0.005	
窄隙角毛藻	*Chaetoceros affinis*		0.102		
卡氏角毛藻	*Chaetoceros castracanei*	0.004			
旋链角毛藻	*Chaetoceros curvisetus*		0.134		
并基角毛藻	*Chaetoceros decipiens*		0.062	0.009	
密联角毛藻	*Chaetoceros densus*	0.062		0.008	
角毛藻	*Chaetoceros* sp.	0.002			
扭链角毛藻	*Chaetoceros tortissimus*		0.019		
星脐圆筛藻	*Coscinodiscus asteromphalus*	0.003		0.027	0.004
格氏圆筛藻	*Coscinodiscus granii*			0.009	0.003
琼氏圆筛藻	*Coscinodiscus jonesianus*		0.007		0.003
虹彩圆筛藻	*Coscinodiscus oculus-iridis*	0.001			
辐射圆筛藻	*Coscinodiscus radiatus*	0.006			0.005
威氏圆筛藻	*Coscinodiscus wailesii*			0.097	0.005
布氏双尾藻	*Ditylum brightwellii*			0.01	0.014
浮动弯角藻	*Eucampia zoodiacus*				0.146
斯氏几内亚藻	*Guinardia striata*	0.056			
丹麦细柱藻	*Leptocyl indrus danicus*				0.003
中华齿状藻	*Odontella sinensis*			0.009	
具槽帕拉藻	*Paralia sulcata*	0.34	0.013	0.074	0.089
翼鼻状藻印度变型	*Proboscia alata* f. *indica*	0.002			
柔弱伪菱形藻	*Pseudo-nitzschia delicatissima*				0.029
尖刺伪菱形藻	*Pseudo-nitzschia pungens*				0.097
优美施罗藻施氏变型	*Schroederella delicatula* f. *schroederi*	0.008			
中肋骨条藻	*Skeletonema costatum*				0.004
伏氏海线藻	*Thalassionema frauenfeldii*		0.02	0.006	
		甲藻			
梭状角藻	*Ceratium fusus*		0.009	0.203	
三角角藻	*Ceratium tripos*		0.061	0.014	
夜光藻	*Noctiluca scintillans*	0.057		0.042	
五角原多甲藻	*Protoperidinium pentagonum*			0.012	

二、数量分布

2014 年 5 月浮游植物总丰度变化在 10.8×10^3个/m^3 到 $1\ 811\times10^3$个/m^3 之间，平均 251×10^3个/m^3。高值分布区出现在辽东湾近岸水域，其次为莱州湾黄河口海域。硅藻的细胞丰度变化在 8.3×10^3个/m^3 到 $1\ 801\times10^3$个/m^3 之间，平均 231×10^3个/m^3，其占到浮游植物总丰度的 17.3%～100%（平均 85.1%）。甲藻的细胞丰度变化在 0 到 134×10^3个/m^3 之间，平均 20.1×10^3个/m^3，其占到浮游植物总丰度的 0～82.7%（平均 14.9%）。浮游植物的细胞丰度平面分布见图 4-1-1，硅藻的丰度分布趋势与浮游植物总丰度的分布相一致，甲藻细胞丰度高值分布区出现在河北近岸水域，其次为莱州湾海域。

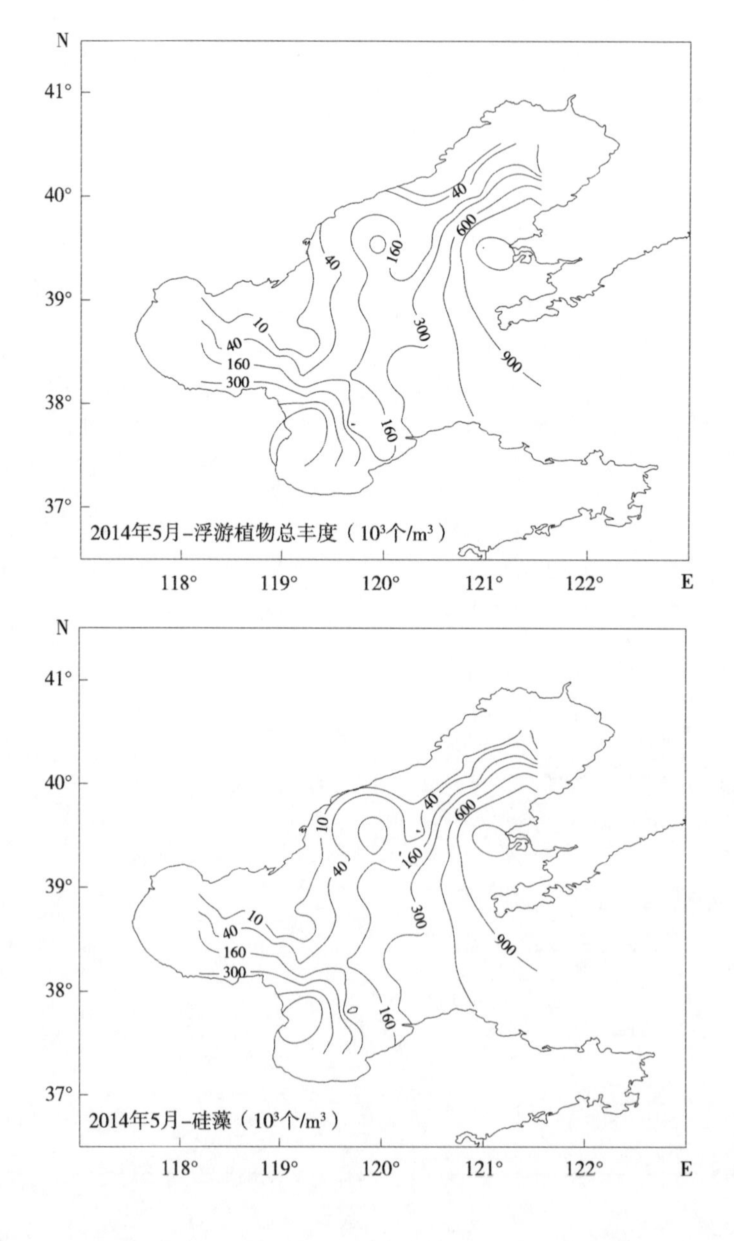

2014年5月-浮游植物总丰度（10^3个/m^3）

2014年5月-硅藻（10^3个/m^3）

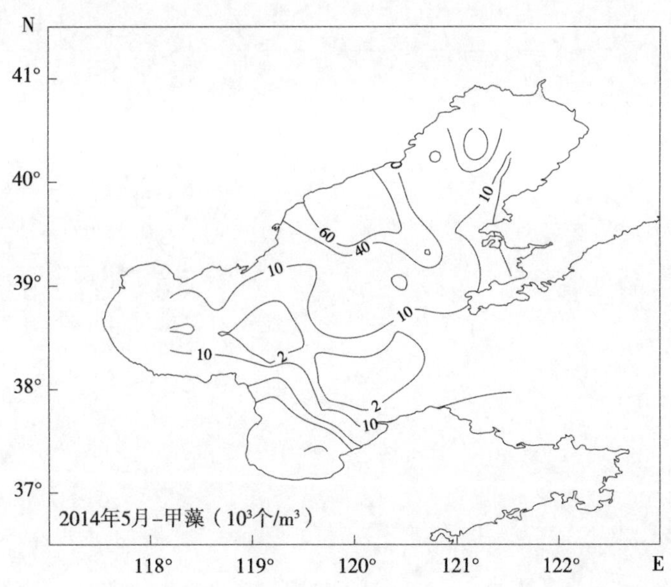

图 4-1-1　2014 年 5 月渤海浮游植物总丰度、硅藻和甲藻的分布

2014 年 8 月，浮游植物总丰度变化在 1.5×10^5 个/m³ 到 1.2×10^7 个/m³ 之间，平均 1.8×10^6 个/m³，高值分布区出现在莱州湾近岸水域。硅藻的细胞丰度变化在 3.6×10^4 个/m³到 1.2×10^7 个/m³ 之间，平均 1.6×10^6 个/m³，其占到浮游植物总丰度的 4.8%～99.9%（平均 69.6%）。甲藻的细胞丰度变化在 2.5×10^3 个/m³ 到 1×10^6 个/m³ 之间，平均 2.1×10^5 个/m³，其占到浮游植物总丰度的 0.1%～95.2%（平均 30.2%）。浮游植物的细胞丰度平面分布见图 4-1-2，硅藻的丰度分布趋势与浮游植物总丰度的分布基本一致，高值区亦出现在莱州湾近岸水域，甲藻丰度高值出现在渤海湾至辽东湾近岸水域。

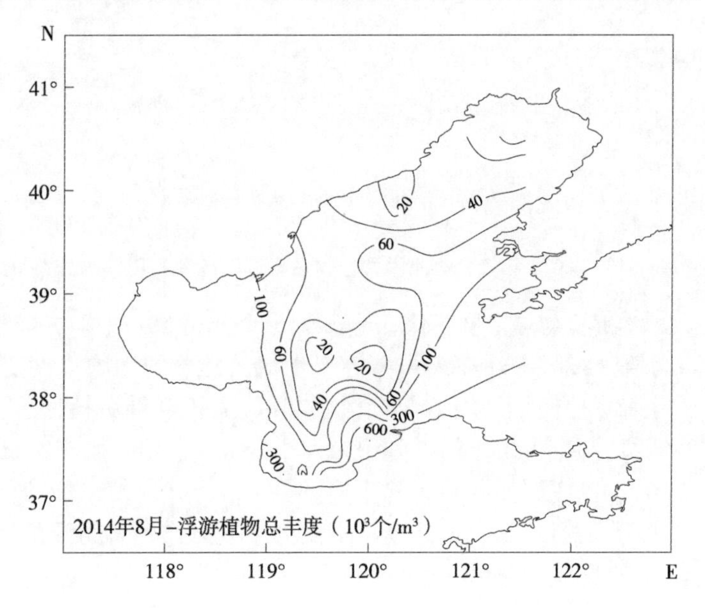

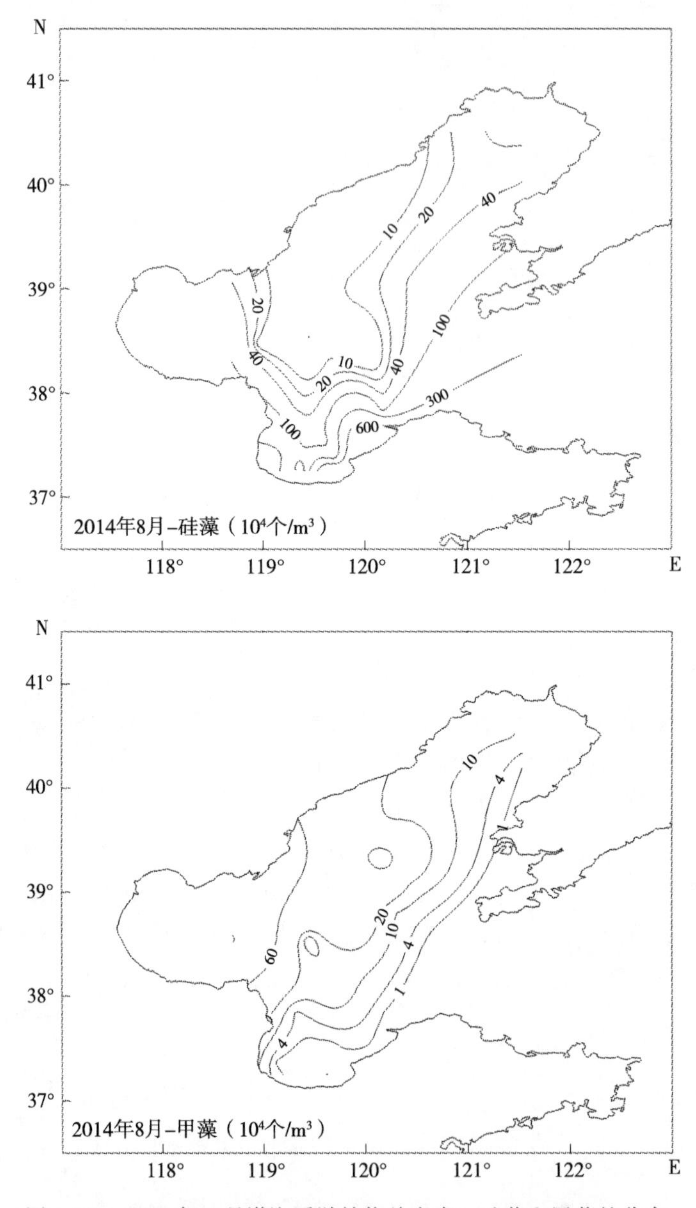

图 4-1-2　2014 年 8 月渤海浮游植物总丰度、硅藻和甲藻的分布

2014 年 10 月，浮游植物总丰度变化在 7.1×10^3 个/m³ 到 722×10^3 个/m³ 之间，平均 147×10^3 个/m³，高值分布区出现在莱州湾近岸水域。硅藻的细胞丰度变化在 6.3×10^3 个/m³ 到 537×10^3 个/m³ 之间，平均 106×10^3 个/m³，其占到浮游植物总丰度的 6.0%～99.6%（平均 70.0%）。甲藻的细胞丰度变化在 0.28×10^3 个/m³ 到 318×10^3 个/m³ 之间，平均 41.0×10^3 个/m³，其占到浮游植物总丰度的 0.40%～94.0%（平均 29.9%）。浮游植物的细胞丰度平面分布见图 4-1-3，硅藻、甲藻的丰度分布趋势与浮游植物总丰度的分布基本一致，高值区亦出现在莱州湾近岸水域。

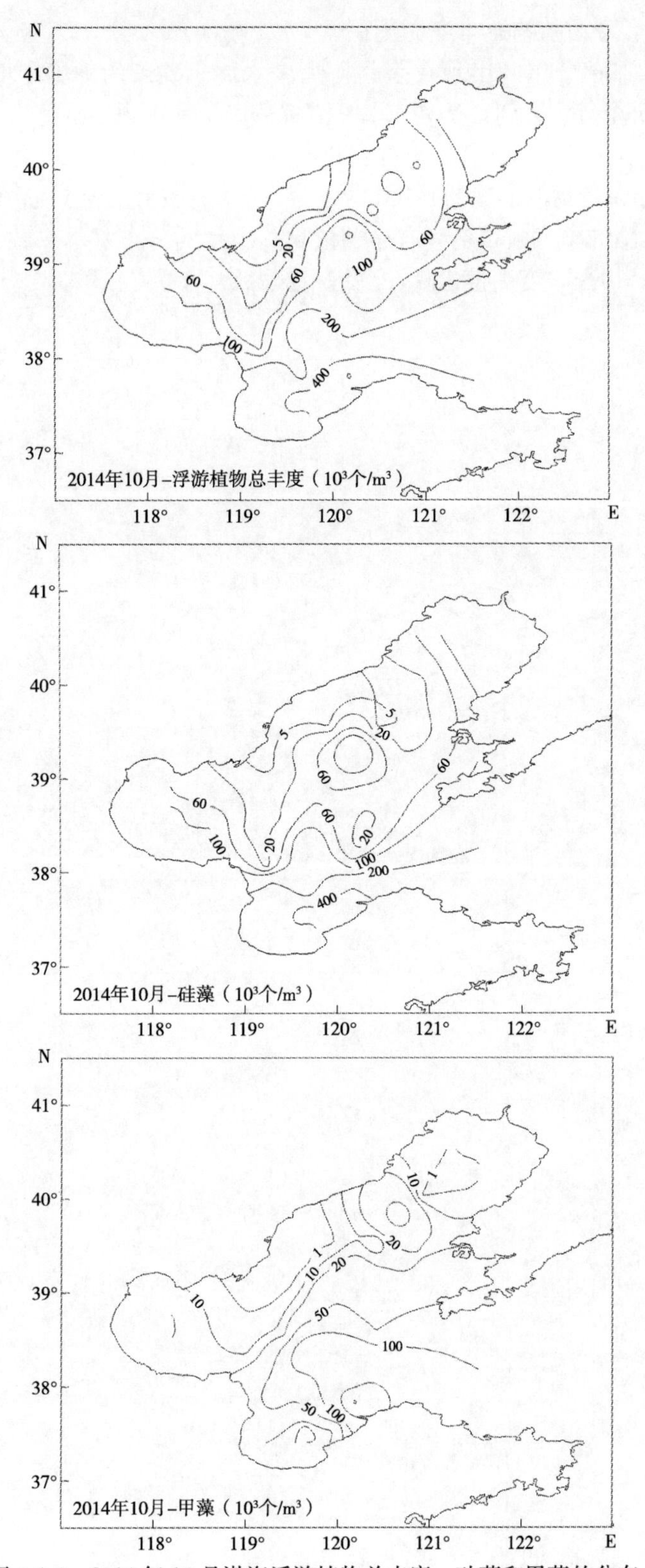

图 4-1-3　2014 年 10 月渤海浮游植物总丰度、硅藻和甲藻的分布

2015 年 1 月，浮游植物总丰度变化在 5.7×10^4 个/m^3 到 2.2×10^7 个/m^3 之间，平均 1.2×10^6 个/m^3，高值分布区出现在莱州湾近岸水域。硅藻的细胞丰度变化在 5.6×10^4 个/m^3 到 2.2×10^7 个/m^3 之间，平均 1.2×10^6 个/m^3，其占到浮游植物总丰度的 95.2%～100%（平均 99.1%）。甲藻的细胞丰度变化在 0 到 1.3×10^4 个/m^3 之间，平均 1.9×10^3 个/m^3，其占到浮游植物总丰度的 0～4.8%（平均 0.86%）。浮游植物的细胞丰度平面分布见图 4-1-4，硅藻的丰度分布趋势与浮游植物总丰度的分布基本一致，高值区亦出现在莱州湾近岸水域，甲藻丰度高值出现在渤海中部海域。

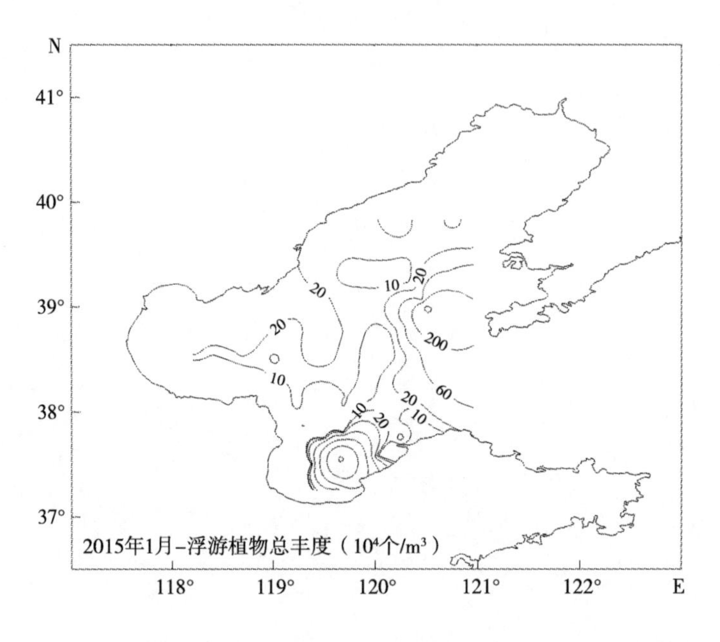

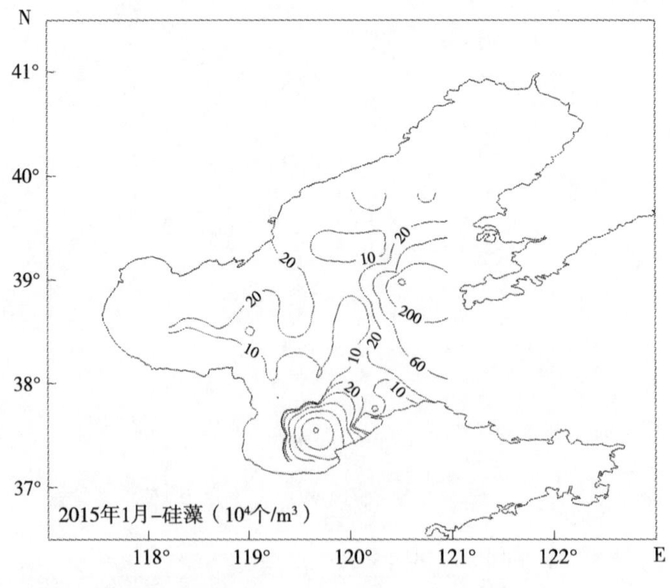

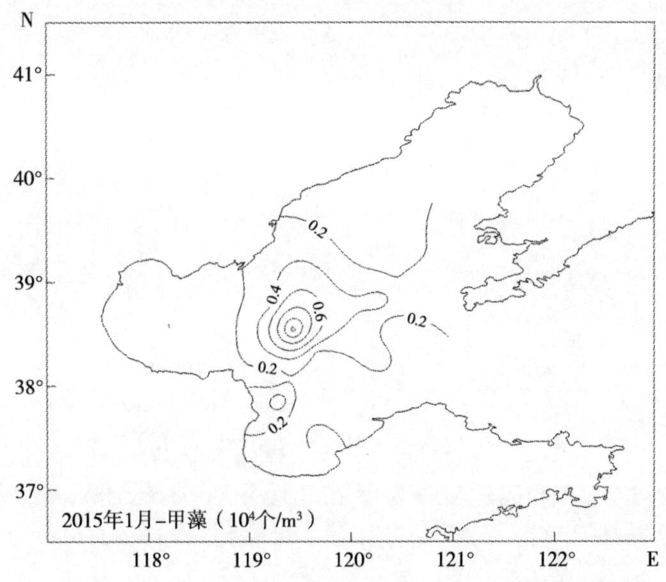

图 4-1-4　2015 年 1 月渤海浮游植物总丰度、硅藻和甲藻的分布

三、优势种类

2014 年 5 月，浮游植物的优势种为具槽帕拉藻（*Paralia sulcata*）、密联角毛藻（*Chaetoceros densus*）、夜光藻（*Noctiluca scintillans*）、斯氏几内亚藻（*Guinardia striata*）、优美施罗藻施氏变型（*Schroederella delicatula* f. *schroederi*）、辐射圆筛藻（*Coscinodiscus radiatus*）等。有 4 个物种的优势度大于 0.02，在调查水域浮游植物群落中的优势程度较为明显，且 3 种为硅藻类群。浮游植物优势种丰度的分布如图 4-1-5 所示。具槽帕拉藻的细胞丰度变化在 0 到 490×10^3个/m^3之间，平均 96.5×10^3个/m^3；密联角毛藻的细胞丰度变化在 0 到 1 498×10^3个/m^3之间，平均 47.6×10^3个/m^3；夜光藻的细胞丰度变化在 0 到 133×10^3个/m^3之间，平均 19.2×10^3个/m^3；斯氏几内亚藻的细胞丰度变化在 0 到 1 375×10^3个/m^3之间，平均 45.5×10^3个/m^3。

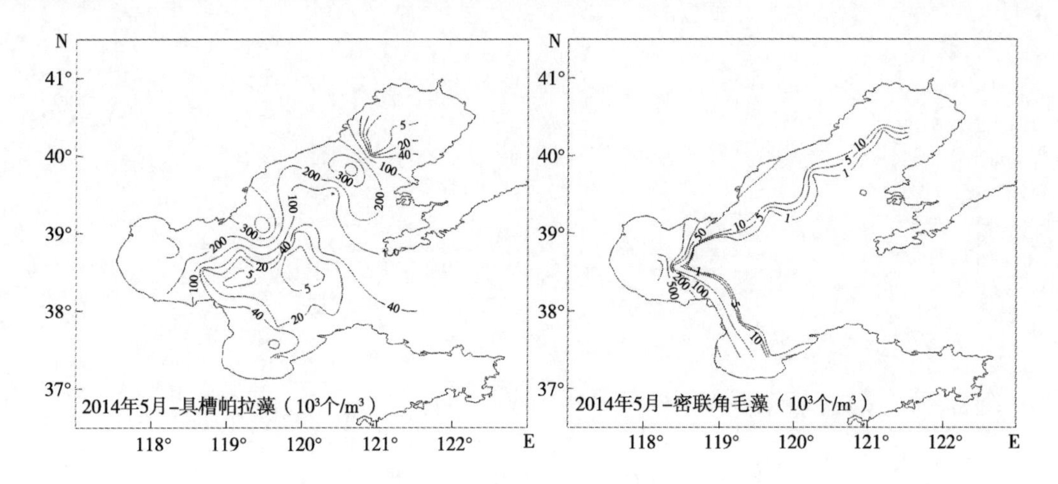

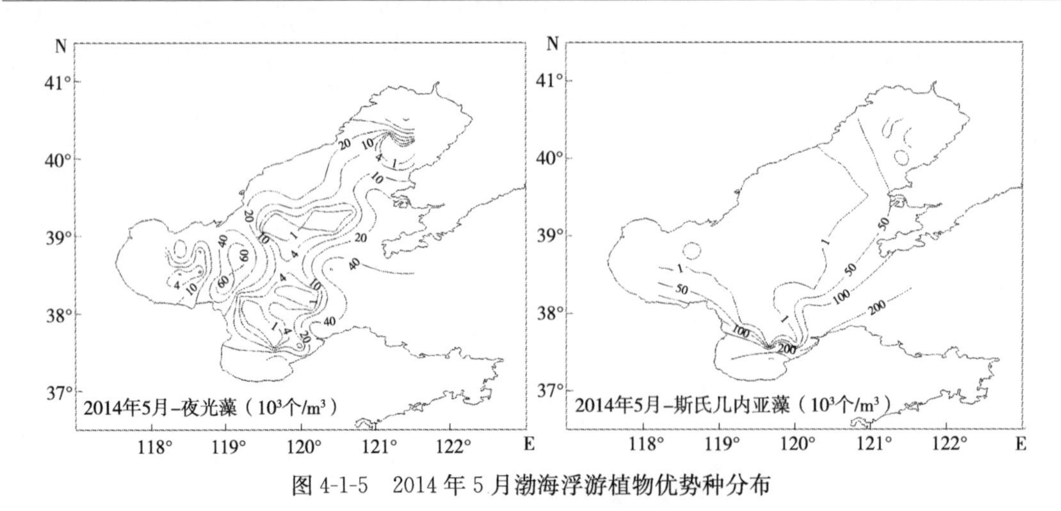

图 4-1-5　2014 年 5 月渤海浮游植物优势种分布

2014 年 8 月，浮游植物的优势种为旋链角毛藻（*Chaetoceros curvisetus*）、窄隙角毛藻（*Chaetoceros affinis*）、并基角毛藻（*Chaetoceros decipiens*）、伏氏海线藻（*Thalassionema frauenfeldii*）、扭链角毛藻（*Chaetoceros tortissimus*）、三角角藻（*Ceratium tripos*）等。有 5 个物种的优势度大于 0.02，在调查水域浮游植物群落中的优势程度较为明显，且 4 种为硅藻类群。浮游植物优势种丰度的分布见图 4-1-6。旋链角毛

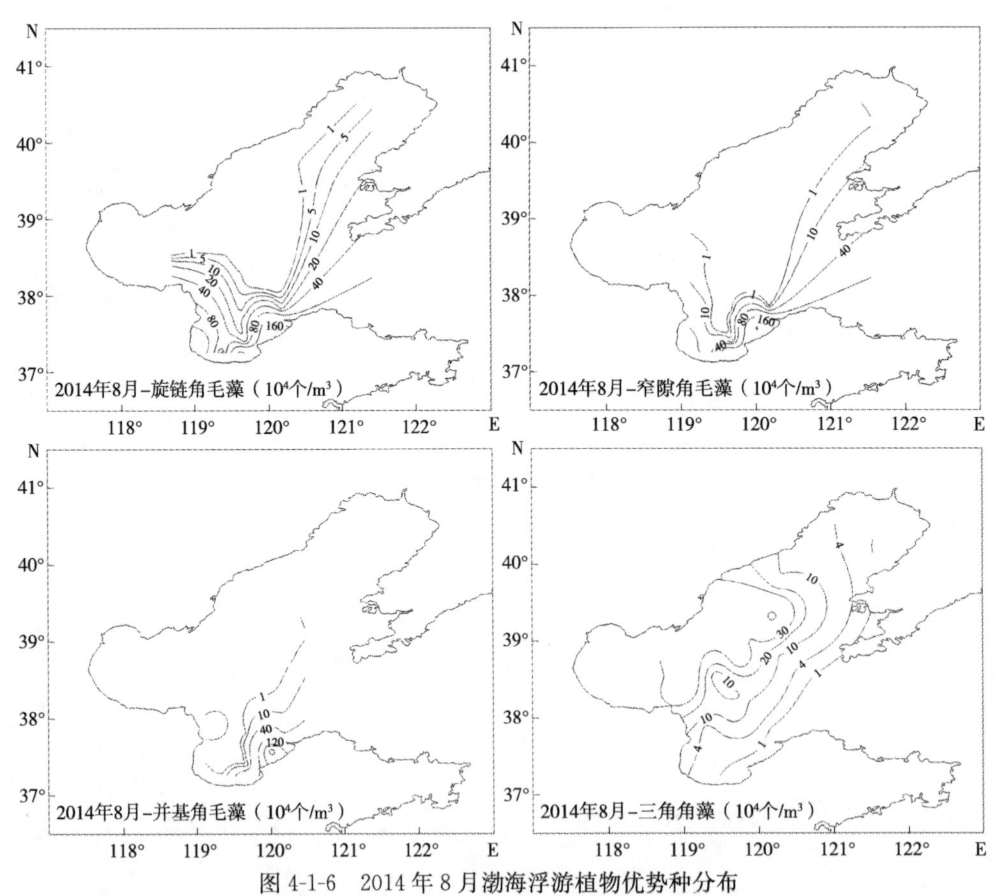

图 4-1-6　2014 年 8 月渤海浮游植物优势种分布

藻的细胞丰度变化在 1.1×10^{3} 到 3.5×10^{6} 个/m^3 之间，平均 6.9×10^{5} 个/m^3；窄隙角毛藻的细胞丰度变化在 2×10^{3} 到 3.1×10^{6} 个/m^3 之间，平均 5.3×10^{5} 个/m^3；并基角毛藻的细胞丰度变化在 1.7×10^{3} 到 2.6×10^{6} 个/m^3 之间，平均 2.7×10^{5} 个/m^3；三角角藻的细胞丰度变化在 4.3×10^{3} 到 6.7×10^{5} 个/m^3 之间，平均 1.6×10^{5} 个/m^3。

2014 年 10 月，浮游植物的优势种为梭状角藻（*Ceratium fusus*）、威氏圆筛藻（*Coscinodiscus wailesii*）、具槽帕拉藻、夜光藻、星脐圆筛藻（*C. asteromphalus*）、三角角藻等。有 5 个物种的优势度大于 0.02，在调查水域浮游植物群落中的优势度较为明显，且 3 种为硅藻类群。浮游植物优势种丰度的分布见图 4-1-7。梭状角藻的细胞丰度变化在 0 到 262×10^{3} 个/m^3 之间，平均 23.6×10^{3} 个/m^3；威氏圆筛藻的细胞丰度变化在 0 到 307×10^{3} 个/m^3 之间，平均 22.2×10^{3} 个/m^3；具槽帕拉藻的细胞丰度变化在 0 到 139×10^{3} 个/m^3 之间，平均 18.1×10^{3} 个/m^3；夜光藻的细胞丰度变化在 0 到 33.7×10^{3} 个/m^3 之间，平均 6.2×10^{3} 个/m^3，星脐圆筛藻的细胞丰度变化在 0 到 78.5×10^{3} 个/m^3 之间，平均 5.2×10^{3} 个/m^3；三角角藻的细胞丰度变化在 0 到 24.3×10^{3} 个/m^3 之间，平均 2.3×10^{3} 个/m^3。

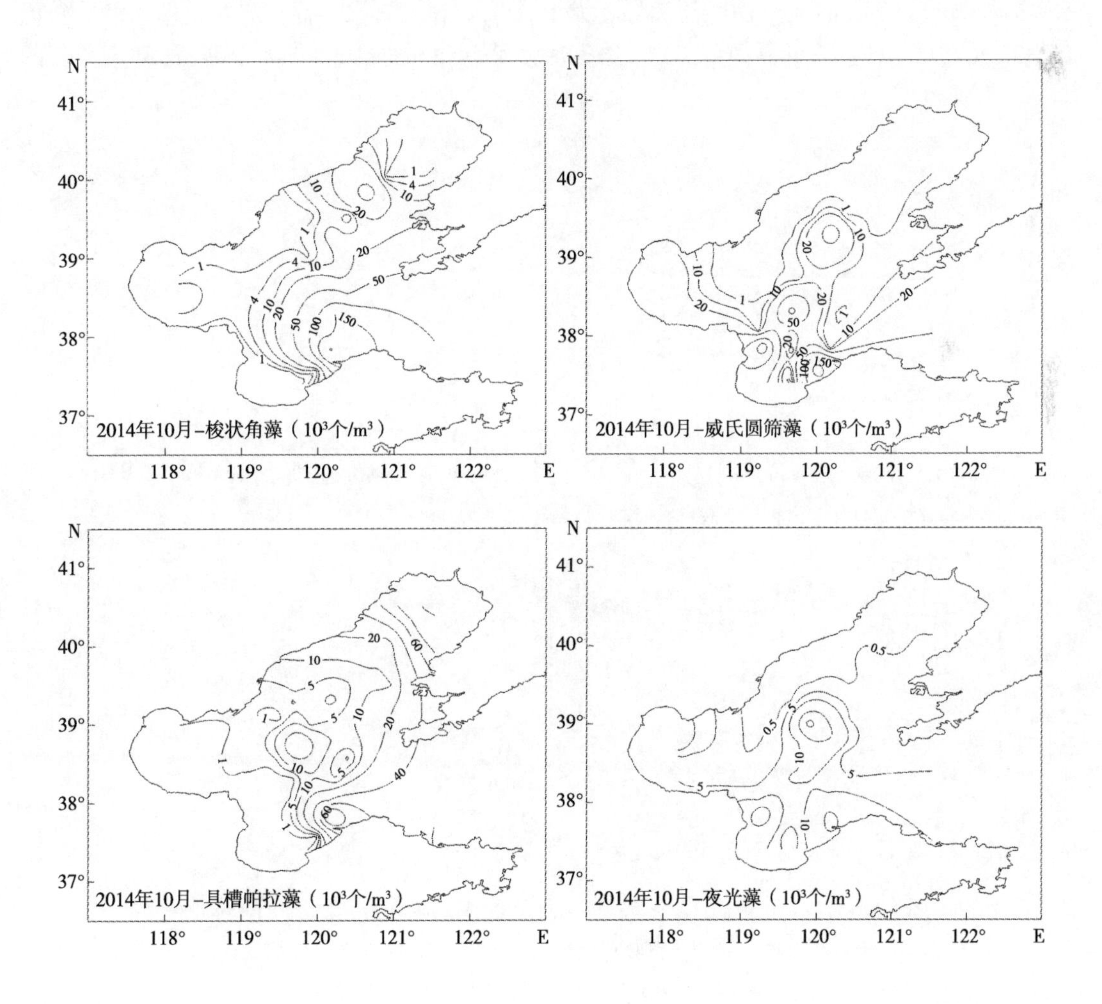

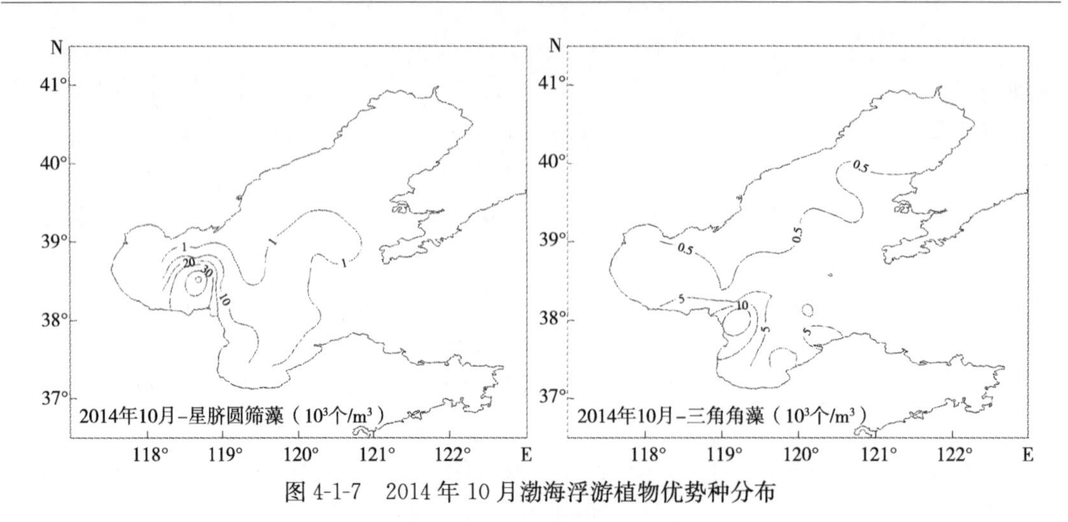

图 4-1-7　2014 年 10 月渤海浮游植物优势种分布

2015 年 1 月，浮游植物的优势种为浮动弯角藻（*Eucampia zoodiacus*）、尖刺伪菱形藻（*Pseudo-nitzschia pungens*）、具槽帕拉藻、柔弱伪菱形藻（*Pseudo-nitzschia delicatissima*）等。有 4 个物种的优势度大于 0.02，在调查水域浮游植物群落中的优势度较为明显，且 4 种皆为硅藻类群。浮游植物优势种丰度的分布见图 4-1-8。浮动弯角藻的

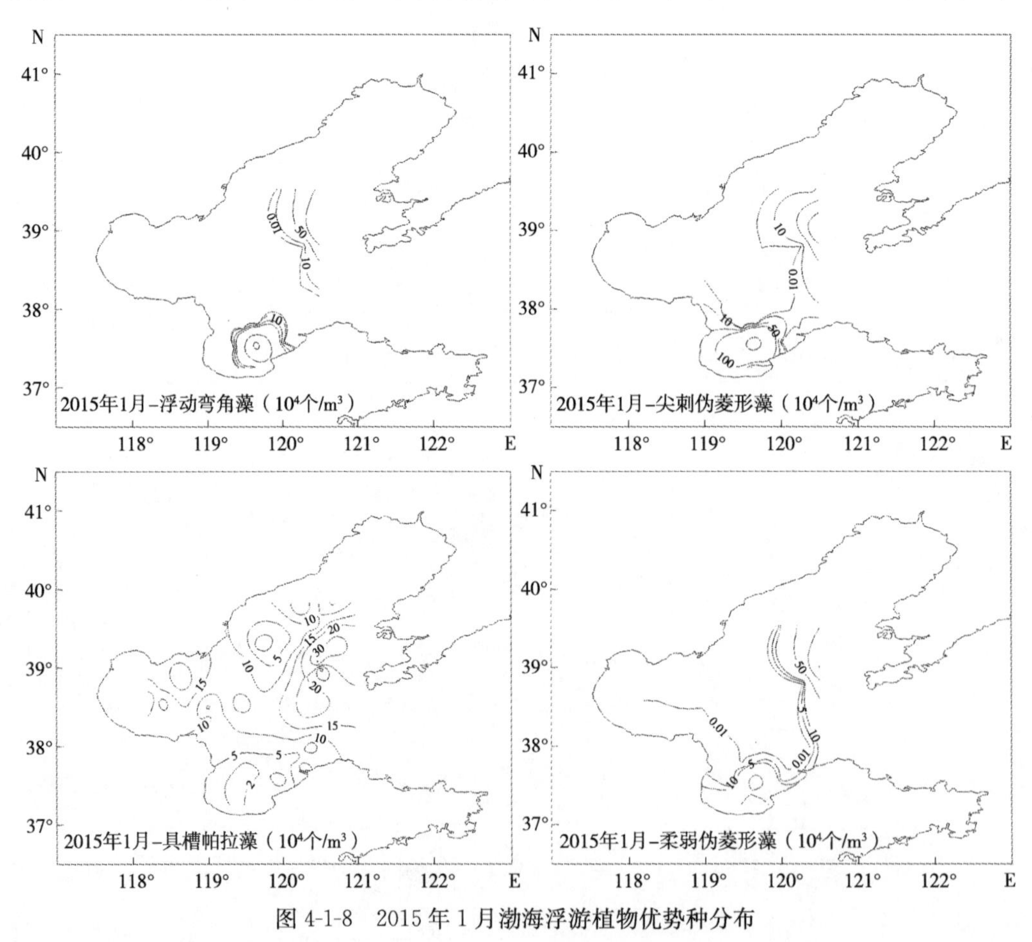

图 4-1-8　2015 年 1 月渤海浮游植物优势种分布

细胞丰度变化在301到1.1×10^7个/m^{3}之间，平均1.6×10^6个/m^3；尖刺伪菱形藻的细胞丰度变化在327到8.2×10^6个/m^{3}之间，平均7.2×10^5个/m^3；具槽帕拉藻的细胞丰度变化在4.1×10^3到4.2×10^5个/m^{3}之间，平均1.1×10^5个/m^3；柔弱伪菱形藻的细胞丰度变化在0到2.2×10^5个/m^{3}之间，平均1.6×10^5个/m^3。

四、总体评价

从四个季节渤海的浮游植物饵料基础水平来看，春季（2014年5月）、夏季（2014年8月）、秋季（2014年10月）、冬季（2015年1月）的平均丰度分别为25.1×10^4个/m^3、180×10^4个/m^3、14.7×10^4个/m^3、120×10^4个/m^3。根据饵料生物水平分级评价标准（表4-1-2），浮游植物基础饵料水平为春季较低、夏季很丰富、秋季低、冬季很丰富。春季黄河等主要入海河流处于枯水期，对渤海的营养盐输入较低，浮游植物丰度水平也较低。夏季丰富的淡水输入给整个渤海的浮游植物带来积极的影响，饵料水平很丰富。秋季由于径流的减少和浮游动物的摄食压力增大，饵料水平再次降低。冬季由于水体的垂直向混合使得底层营养盐得以补充，浮游植物饵料水平再次上升。

表4-1-2 饵料生物水平分级评价标准

（唐启升，2006）

评价等级	Ⅰ	Ⅱ	Ⅲ	Ⅳ	Ⅴ
浮游植物栖息密度（$\times10^4$个/m^3）	<20	20～50	50～75	75～100	>100
饵料浮游动物生物量（mg/m^3）	<10	10～30	30～50	50～100	>100
底栖生物生物量（采泥）（g/m^2）	<5	5～10	10～25	25～50	>50
分级描述	低	较低	较丰富	丰富	很丰富

对渤海浮游植物历史资料分析后发现，50多年以来，渤海浮游植物群落结构出现了明显的年代际演变，总丰度变化在（8.33～472）$\times10^4$个/m^3，平均为116×10^4个/m^3，最高值和最低值分别出现在1982年夏季和2000年夏季（图4-1-9）。年代际均值在1960—1969年、1980—1989年、1990—1999年、2000—2010年和2010—2015年分别为168×10^4个/m^3、216×10^4个/m^3、101×10^4个/m^3、28.0×10^4个/m^{3}和68.7×10^4个/m^3。总丰度在20世纪末降低到最低值，较80年代最大降幅87.0%；进入21世纪后逐步回升，有1.5倍的增加。从类群结构来看，硅藻50多年平均丰度为111×10^4个/m^3，平均占到了浮游植物总丰度的92.5%（65.3%～99.8%），冬季硅藻所占丰度比例最高，达到平均99.0%的水平，2014年秋季占比最低。甲藻50多年来平均丰度只有4.84×10^4个/m^3，其在渤海的地位明显不如硅藻。甲藻的丰度高值主要出现在夏、秋季，如在2014年夏季、1982年夏季和1959年秋季分别达到了20.7×10^4个/m^3、15.8×10^4个/m^{3}和10.7×10^4个/m^{3}的丰度水平。从甲藻与硅藻比来看，在1960—1969年、1980—1989年、1990—1999年、2000—2010年和2010—2015年的年代际平均水平分别为0.34、0.16、0.97、1.52和1.24，21世纪甲藻与硅藻比的平均水平较20世纪有了2.82倍的提升。按季节来看，渤海甲藻与硅藻比在春、夏、秋、冬季分别为0.88、1.90、0.48和0.02，可见夏季

是渤海甲藻旺发的主要时段。如 2000 年，夏季甲藻与硅藻比为 4.65（辽东湾高达 10.6）；夜光藻丰度平均为 1.67×10^4 个/m^3（辽东湾高达 3.93×10^4 个/m^3）；2014 年，夏季为 2.27（渤海中部高达 4.98），三角角藻、叉状角藻和梭状角藻的丰度分别达到了 13.3×10^4 个/m^3、3.14×10^4 个/m^3 和 2.40×10^4 个/m^3 的平均水平。

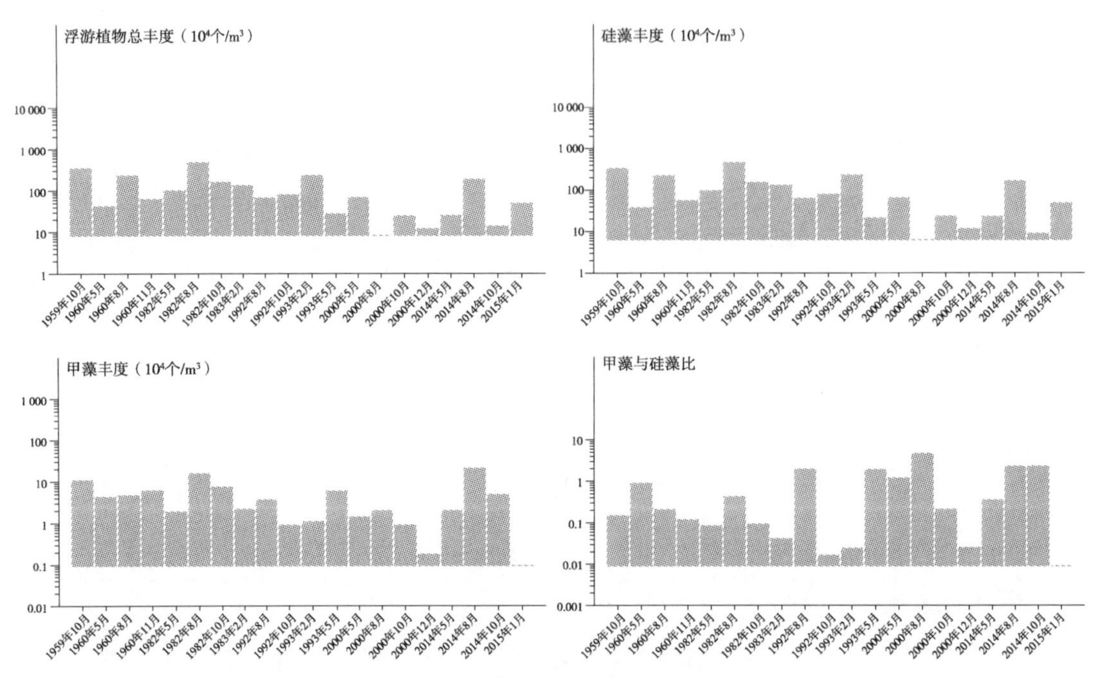

图 4-1-9　渤海浮游植物长期变动

浮游植物群落结构的年代际变动决定了渤海初级生产过程和渔业生物饵料基础的格局转换，影响到关键资源生物的早期补充过程。渤海毛虾的主要饵料为圆筛藻和具槽帕拉藻，合计约占到食物组成的 80%；对虾幼体主要以原多甲藻（*Protoperidinium*）为食，仔虾则主要摄食舟形藻（*Navicula*）、斜纹藻（*Pleurosigma*）和圆筛藻。角毛藻在渤海浮游植物群落的长期变化中已不占优势，而圆筛藻却能够继续保持其优势地位，特别是近 10 年来，具槽帕拉藻形成了绝对优势，这表明尽管渤海浮游植物丰度存在年代际的波动，但是主要饵料种的优势能够保持且有一定程度的提升。从群落结构变动来看，渤海甲藻与硅藻比的持续升高已经成为事实，渤海的浮游植物群落也正在由硅藻控制转向由硅藻、甲藻共同控制，但是甲藻丰度的增加对海洋生态系统的影响并不一定是消极的，除局地的有害藻华和赤潮以外，部分甲藻物种优势度的提升或许能够对渔业生物的早期补充产生积极的影响。

第二节　浮游动物

浮游动物是将初级生产力向高营养级传递的重要组成部分，是上层鱼类的重要营养来源和许多重要经济鱼类的开口饵料，其数量和分布是增殖放流过程必要的生态评价指标。

2014年冬季（2月）、春季（5月）、夏季（8月）、秋季（10月）在渤海开展大面调查，采样及分析方法依据《海洋调查规范》（GB/T 12763.6—2007）进行，使用网具孔径为500μm。所获样品用5%甲醛海水溶液固定保存，采样结束后在实验室内对浮游动物样品进行镜检鉴定及计数。利用网口面积及采样释放绳长确定各站位滤水体积，并以此计算获得各站位浮游动物的丰度（个/m^3）和生物量（mg/m^3）。

对各站位采集的浮游动物进行群落多样性统计分析，并对浮游动物优势度进行计算，各计算公式为：

香农—威纳（Shannon-Wiener）多样性指数：

$$H' = -\sum_{i=1}^{S} P_i \log_2 P_i \tag{1}$$

其中，P_i是第i种的个数与该站位样品总个数的比值，S是样品中的种类总数。

均匀度指数（PieLou指数）：

$$J' = \frac{H'}{\log_2 S} \tag{2}$$

其中，H'是香农—威纳多样性指数，S是样品中的种类总数。均匀度最大值为1，该值大表明种间个体数差别小，反之则表明种间个体数差别大。

丰富度（Margalef）指数：

$$d = \frac{S-1}{\log_2 N} \tag{3}$$

其中，d为丰富度指数，S是样品中的种类总数，N是样品中生物的个体总数。

物种优势度：

$$Y = \frac{n_i}{N} \cdot f_i \tag{4}$$

其中，Y为优势度，n_i是第i个物种的个体数，N为所有物种出现的总个体数，f_i为第i个物种在各站位的出现频率。本书认为当$Y \geqslant 0.02$时，该物种为优势种。

一、种类组成

浮游动物种类组成见表4-2-1。夏季（8月）出现种类数（54）最多，2014年冬季（2月）出现种类数（24）最少。

根据已鉴定种类的生态及地理分布特点，出现的种类主要分为3类：①温带近海类型，如中华哲水蚤（*Calanus sinicus*）、细长脚蝛（*Themisto gracilipes*）、海龙箭虫（*Sagitta crassa*）、太平洋磷虾（*Euphausia pacifica*）等；②广布性的近海类型，如小拟哲水蚤（*Palacalanus parvus*）、腹后胸刺水蚤（*Centropages mcmurrichi*）及近缘大眼剑水蚤（*Corycaeus affinis*）、强壮箭虫（*Sagitta crassa*）；③近岸低盐类型，如双刺纺锤水蚤（*Acartia bifilosa*）、真刺唇角水蚤（*Labidocera euchaeta*）。

各月均出现的种类有夜光虫、薮枝螅水母（*Obelia* sp.）、中华哲水蚤、小拟哲水蚤、腹后胸刺水蚤、真刺唇角水蚤、双刺纺锤水蚤、拟长腹剑水蚤（*Oithona similis*）、细长脚蝛、强壮箭虫。

表 4-2-1 浮游动物种类组成

种类	英文名或学名	2月	5月	8月	10月
夜光虫	*Noctiluca scintillans*	+	+	+	+
不列颠高手水母	*Bougainvillia britannica*			+	
小介穗水母	*Podocoryne minima*			+	
皱口双手水母	*Amphinema rugosum*				+
八斑唇腕水母	*Rathkea octopunctata*	+	+		
白氏真囊水母	*Euphysora bigelowi*			+	
杜氏外肋水母	*Ectopleura dumontieri*		+		
青色多管水母	*Aequorea coerulescens*				+
卡玛拉水母	*Malagazzia carolinae*		+	+	
嵊山秀氏水母	*Sugiura chengshanense*		+	+	
锡兰和平水母	*Eirene ceylonensis*			+	+
细颈和平水母	*Eirene menoni*			+	
黑球真唇水母	*Eucheilota menoni*				+
心形真唇水母	*Eucheilota ventricularis*			+	
单囊美螅水母	*Clytia folleata*			+	
半球美螅水母	*Clytia hemisphaerica*				+
薮枝螅水母	*Obelia* spp.	+	+	+	+
真拟杯水母	*Phialucium mbenga*			+	
四枝管水母	*Proboscidactyla flavicirrata*	+	+	+	
异枝管水母	*Proboscidactyla mutabilis*			+	
四叶小舌水母	*Liriope tetraphylla*			+	
双生水母	*Diphyes chamissonis*			+	+
五角水母	*Muggiaea atlantica*			+	
球型侧腕水母	*Pleurobrachia globosa*		+	+	+
鸟喙尖头溞	*Penilia avirostris*			+	+
肥胖三角溞	*Evadne tergestina*			+	+
中华哲水蚤	*Calanus sinicus*	+	+	+	+
小拟哲水蚤	*Paracalanus parvus*	+	+	+	+
强额拟哲水蚤	*Paracalanus crassirostris*				+
锥形宽水蚤	*Temora turbinata*	+			
太平洋真宽水蚤	*Eurytemora pacifica*		+		
腹后胸刺水蚤	*Centropages abdominalis*	+	+	+	+
背针胸刺水蚤	*Centropages dorsispinatus*			+	+

（续）

种类	英文名或学名	2月	5月	8月	10月
海洋伪镖水蚤	*Pseudodiaptomus marinus*			+	
汤氏长足水蚤	*Calanopia thompsoni*		+	+	+
双刺唇角水蚤	*Labidocera bipinnata*		+	+	+
真刺唇角水蚤	*Labidocera euchaeta*	+	+	+	+
尖刺唇角水蚤	*Labidocera acuta*	+			
叉刺角水蚤	*Pontella chierchiae*			+	
瘦尾简角水蚤	*Pontellopsis tenuicauda*			+	
双刺纺锤水蚤	*Acartia bifilosa*	+	+	+	+
太平洋纺锤水蚤	*Acartia pacifica*			+	+
刺尾歪水蚤	*Tortanus spinicaudatus*			+	
拟长腹剑水蚤	*Oithona similis*	+	+	+	+
短角长腹剑水蚤	*Oithona brevicornis*				+
掌刺梭剑水蚤	*Lubbockia aquillimana*	+			
近缘大眼剑水蚤	*Corycaeus affinis*			+	+
挪威小毛猛水蚤	*Microsetella norvegica*	+			
钩虾亚目	Gammaridea spp.	+	+	+	
细长脚蛾	*Themisto gracilipes*	+	+	+	+
太平洋磷虾	*Euphausia pacifica*	+	+	+	
中国毛虾	*Acetes chinensis*	+		+	
日本毛虾	*Acetes japonicus*				
细螯虾	*Leptochela gracilis*		+	+	
长额刺糠虾	*Acanthomysis longirostris*	+		+	
黄海刺糠虾	*Acanthomysis hwanhaiensis*	+	+		
细长涟虫	*Iphinoe tenera*	+	+	+	
强壮箭虫	*Sagitta crassa*	+	+	+	+
海龙箭虫	*Sagitta nagae*	+	+		
异体住囊虫	*Oikopleura dioica*			+	+
长尾类幼体	Macrura larvae		+	+	+
糠虾幼体	Mysidacea larvae		+		
无节幼体	Nauplius larvae	+		+	+
长腕类幼虫	Ophiopluteus larvae			+	+
多毛类幼虫	Polychaeta larva			+	+
磁蟹溞状幼体	Porcellana larva			+	

（续）

种类	英文名或学名	2月	5月	8月	10月
瓣鳃类幼虫	Lamellibranchia larvae			+	+
面盘幼体	Veliger larvae	+			
阿利玛幼体	Alima larvae		+	+	+
棘皮动物幼体	Auricularia /Bipinnaria larvae		+		
短尾类大眼幼体	Megalopa larvae			+	
短尾类幼体	Brachyura larvae		+	+	+
短尾类溞状幼体	Zoea larvae				
腹足类幼虫	Gastropoda larvae			+	+
鱼卵	Fish egg	+	+	+	+

二、丰度和生物量

渤海浮游动物生物量和丰度具有明显的季节差异，春、夏季较高，秋、冬季较低（图 4-2-1）。2014 年冬季（2 月），生物量均值为（88±43）mg/m^3，总丰度为（75±65）个/m^3；春季（5 月），生物量均值为（504±482）mg/m^3，总丰度为（699±722）个/m^3；夏季（8 月）生物量均值为（140±65）mg/m^3，总丰度为（152±98）个/m^3；秋季（10 月），生物量均值为（54±16）mg/m^3，总丰度为（23±25）个/m^3。

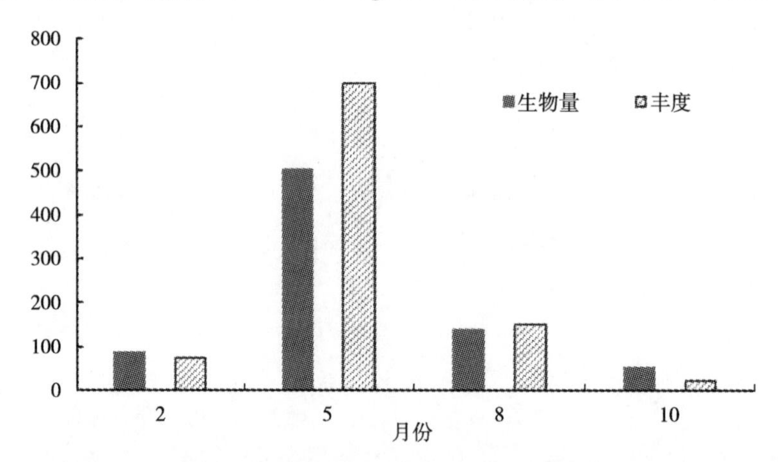

图 4-2-1　渤海浮游动物平均丰度（个/m^3）和生物量（mg/m^3）

图 4-2-2 和图 4-2-3 为 2014 年渤海浮游动物总生物量和丰度的季节平面分布。由图 4-2-2、图 4-2-3 可知，春季，渤海大部分水域浮游动物生物量均高于 250mg/m^3，丰度亦高于 250 个/m^3，其中最高值（生物量>1 000mg/m^3、丰度>1 000 个/m^3）区位于莱州湾内东部湾口和渤海中部离岸水域，辽东湾以及紧邻莱州湾沿岸水域为低生物量和低丰度区；夏季，生物量和丰度的较高值（生物量>250mg/m^3、丰度>250 个/m^3）仅少量出现于渤海中部和辽东湾口；秋季，浮游动物生物量和丰度分别小于 50mg/m^{3}和 50 个/m^3；冬季大部分海区的生物量和丰度分别小于 100mg/m^{3}和 100 个/m^3，只有极少区域的生物

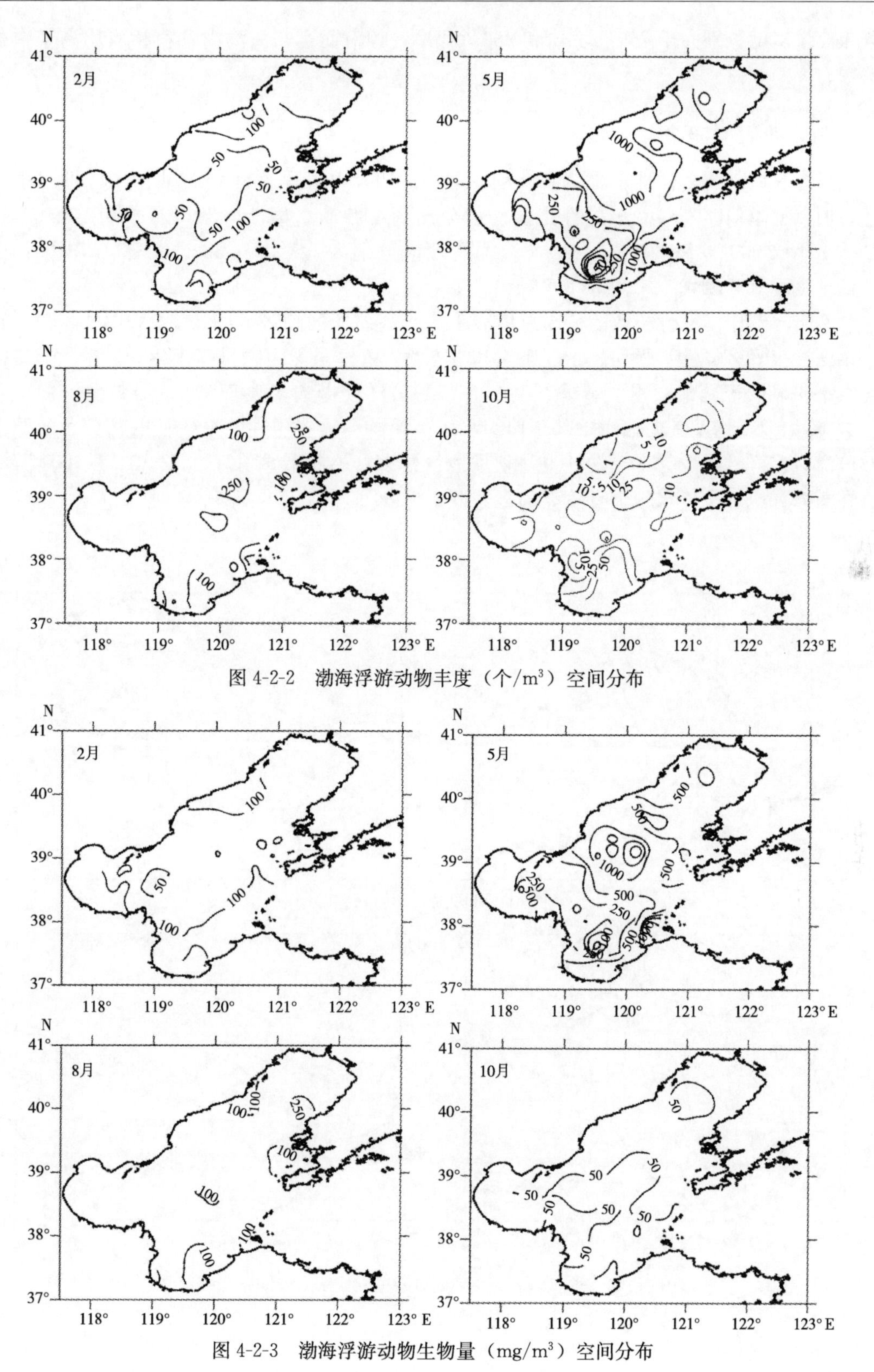

图 4-2-2　渤海浮游动物丰度（个/m³）空间分布

图 4-2-3　渤海浮游动物生物量（mg/m³）空间分布

量和数量丰度分别大于 250mg/m³ 和 250 个/m³，相对而言，海湾内各值相应均高于中部水域。

三、多样性分布

渤海浮游动物多样性水平以夏、秋季较高。夏季和秋季渤海浮游动物多样性水平相近，但以夏季值略高些。多样性指数均值分别为：冬季 0.97±0.30，春季 0.44±0.41，夏季 1.50±0.31，秋季 1.43±0.43。均匀度值分别为：冬季 0.58±0.17，春季0.25±0.19，夏季 0.54±0.12，秋季 0.59±0.13。

四个季节中多样性指数的分布总体表现为南高北低的趋势（图 4-2-4 和图 4-2-5），其中莱州湾生物多样性水平均高于辽东湾和渤海湾。春季虽然生物量高于冬、夏季，但多样性水平明显低于其他三季。春季，整个海区的多样性指数多大于 0.5，均匀度值多小于 0.2，滦河口沿岸及其向渤海中部延伸的水域是浮游动物多样性水平较低的部分。冬季大部分海区多样性指数为 1 左右，夏、秋季海区的多样性指数多介于 1.5～2。秋季浮游动物在黄海和渤海交界水域具有较高的多样性水平。

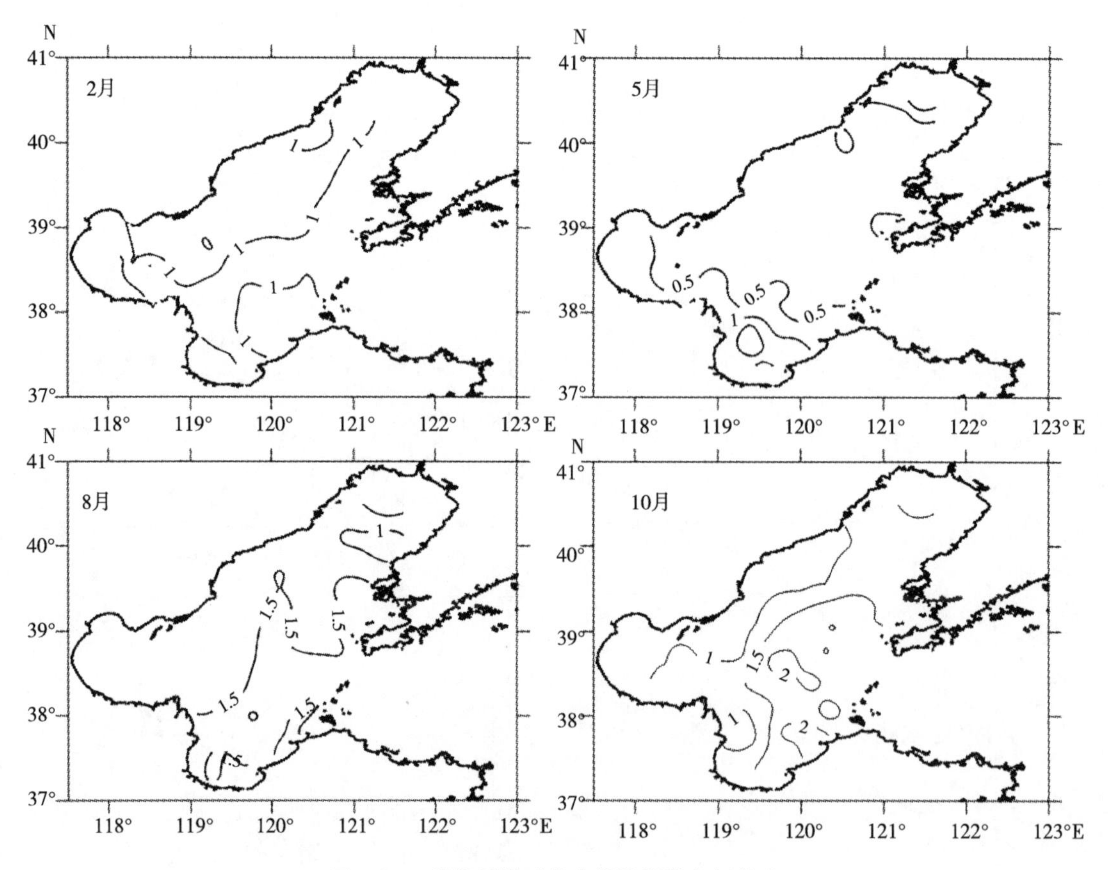

图 4-2-4　渤海浮游动物多样性指数空间分布

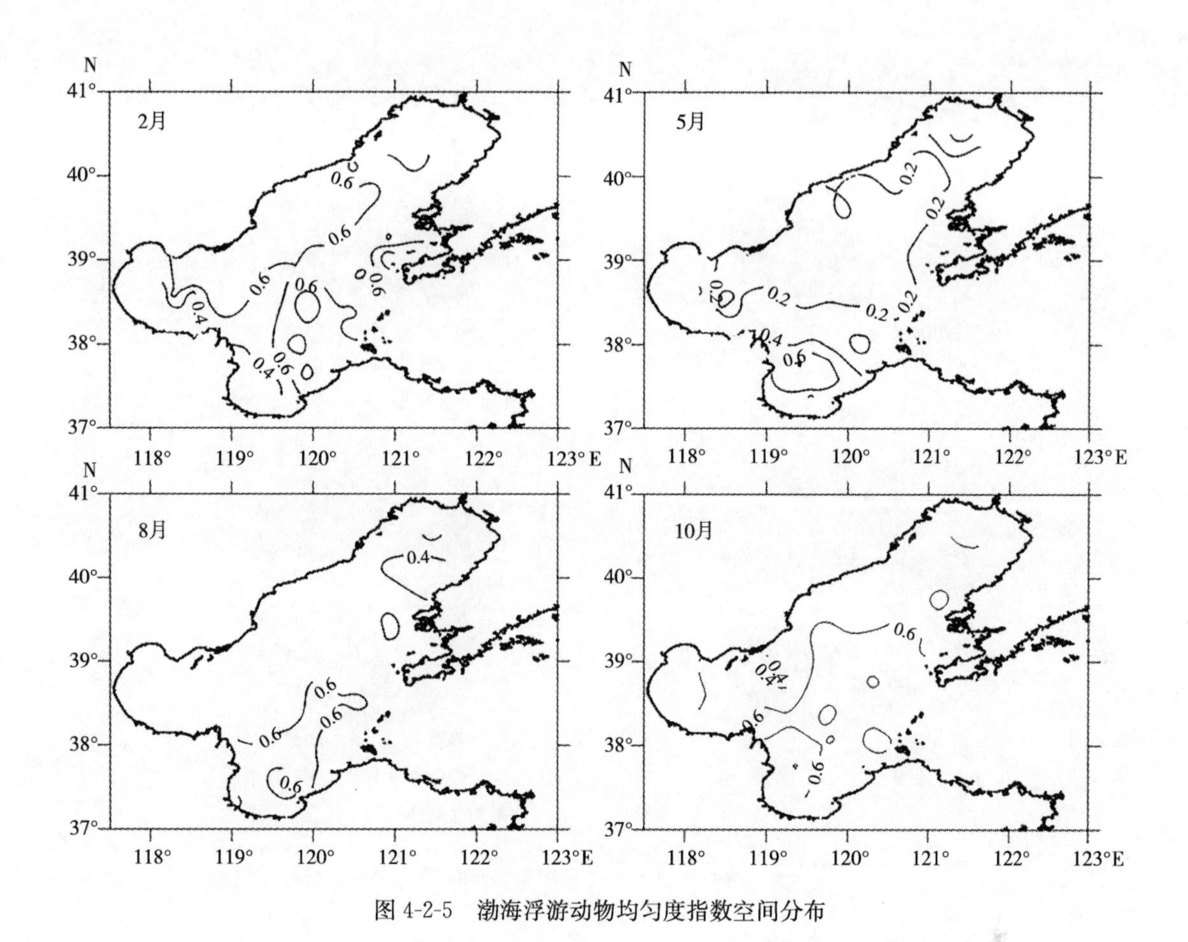

图 4-2-5　渤海浮游动物均匀度指数空间分布

四、优势种类组成

出现调查站位大于 50%的种类，冬季有中华哲水蚤、腹后胸刺水蚤、双刺纺锤水蚤、强壮箭虫；春季有中华哲水蚤、细长脚蛾和强壮箭虫；夏季有锡兰和平水母、鸟喙尖头溞、中华哲水蚤、汤氏长足水蚤、双刺唇角水蚤、强壮箭虫、长尾类幼体、短尾类幼体等；秋季有球型侧腕水母、中华哲水蚤、小拟哲水蚤、真刺唇角水蚤、拟长腹剑水蚤、近缘大眼剑水蚤、强壮箭虫、长尾类幼体以及瓣鳃类幼虫。

优势度大于 0.02 的种类，冬季为中华哲水蚤、腹后胸刺水蚤、双刺纺锤水蚤、强壮箭虫；春季为中华哲水蚤、强壮箭虫；夏季为鸟喙尖头溞、中华哲水蚤、汤氏长足水蚤和强壮箭虫，以及短尾类幼体、长腕类幼体；秋季为球型侧腕水母、中华哲水蚤、拟长腹剑水蚤、强壮箭虫及瓣鳃类幼虫。

上述优势种类中，中华哲水蚤是春季占总丰度百分比最高的种类，其值达 81%。强壮箭虫是夏、秋季占总丰度百分比最高的种类，其值分别为 40%和 36%，该种在冬季占浮游动物总丰度的百分比也较高，为 26%。双刺纺锤水蚤是秋、冬季丰度值较高的种，分别占两季总丰度的 4%和 28%（图 4-2-6）。

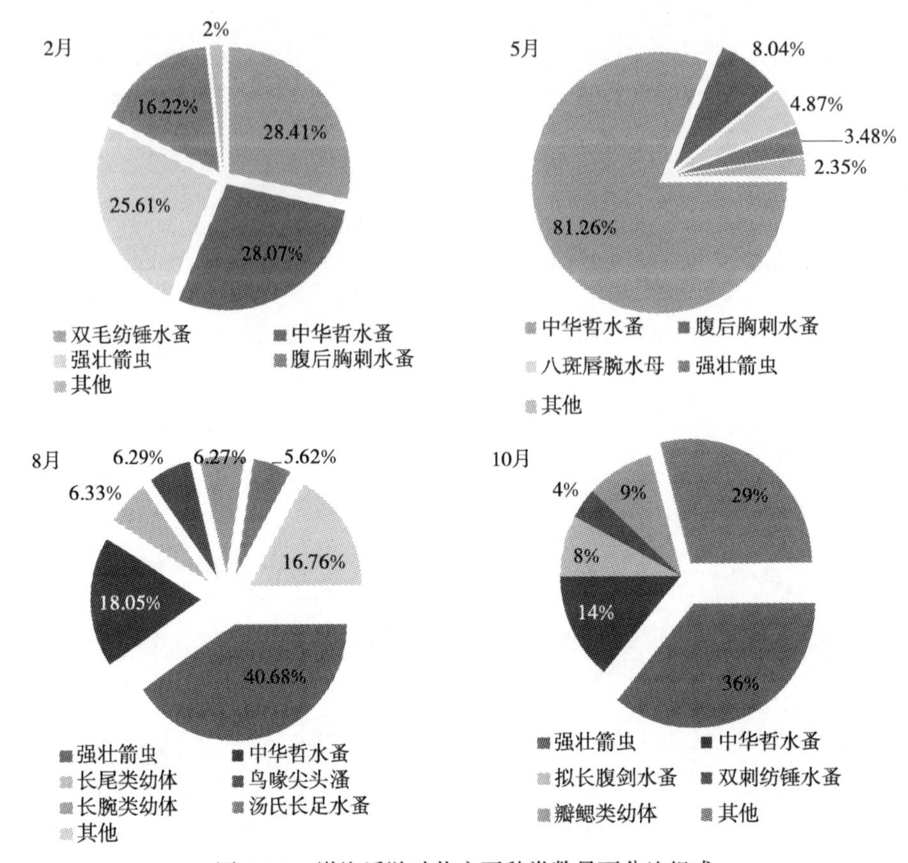

图 4-2-6　渤海浮游动物主要种类数量百分比组成

五、主要种类丰度分布

1. 中华哲水蚤

中华哲水蚤是渤海最为常见的较大型的桡足类。中华哲水蚤以春季数量最多，夏季和冬季次之，秋季最少。冬季，渤海中华哲水蚤的数量为 0～123 个/m^3，平均为（22±25）个/m^3，此季，中华哲水蚤的数量相对高值区主要分布在三个湾口，湾内和渤海中部水域均较少。春季，渤海中华哲水蚤的数量为 0～2 576 个/m^3，平均为（568±578）个/m^3，此季，中华哲水蚤的数量分布极不均匀，丰度＞1 000 个/m^3，主要集中于渤海中部和辽东湾口少数站位，莱州湾数量丰度相对较低（＜100 个/m^3）。夏季，渤海中华哲水蚤的数量为 0～462 个/m^3，平均为（38±86）个/m^3，此季，中华哲水蚤丰度相对较高水域主要位于辽东湾以及滦河口近岸（＞100 个/m^3），其他大部分区域均小于 25 个/m^3。秋季，渤海内中华哲水蚤的丰度普遍很低（＜10 个/m^3），平均丰度为（3±4）个/m^3（图 4-2-7）。

2. 强壮箭虫

强壮箭虫是渤海数量最多的肉食性较大型的浮游动物，它能捕食对虾以及其他小型浮游幼体，其数量分布对于放流时位置的选取具有一定的参考作用。该种数量以夏季居多，冬、春季较少。冬季，强壮箭虫数量均值为（19±18）个/m^3，此季，强壮箭虫在莱州湾和渤海中部近渤海口的数量较多，其数量丰度大于 50 个/m^3；渤海湾数量最少，大多水域

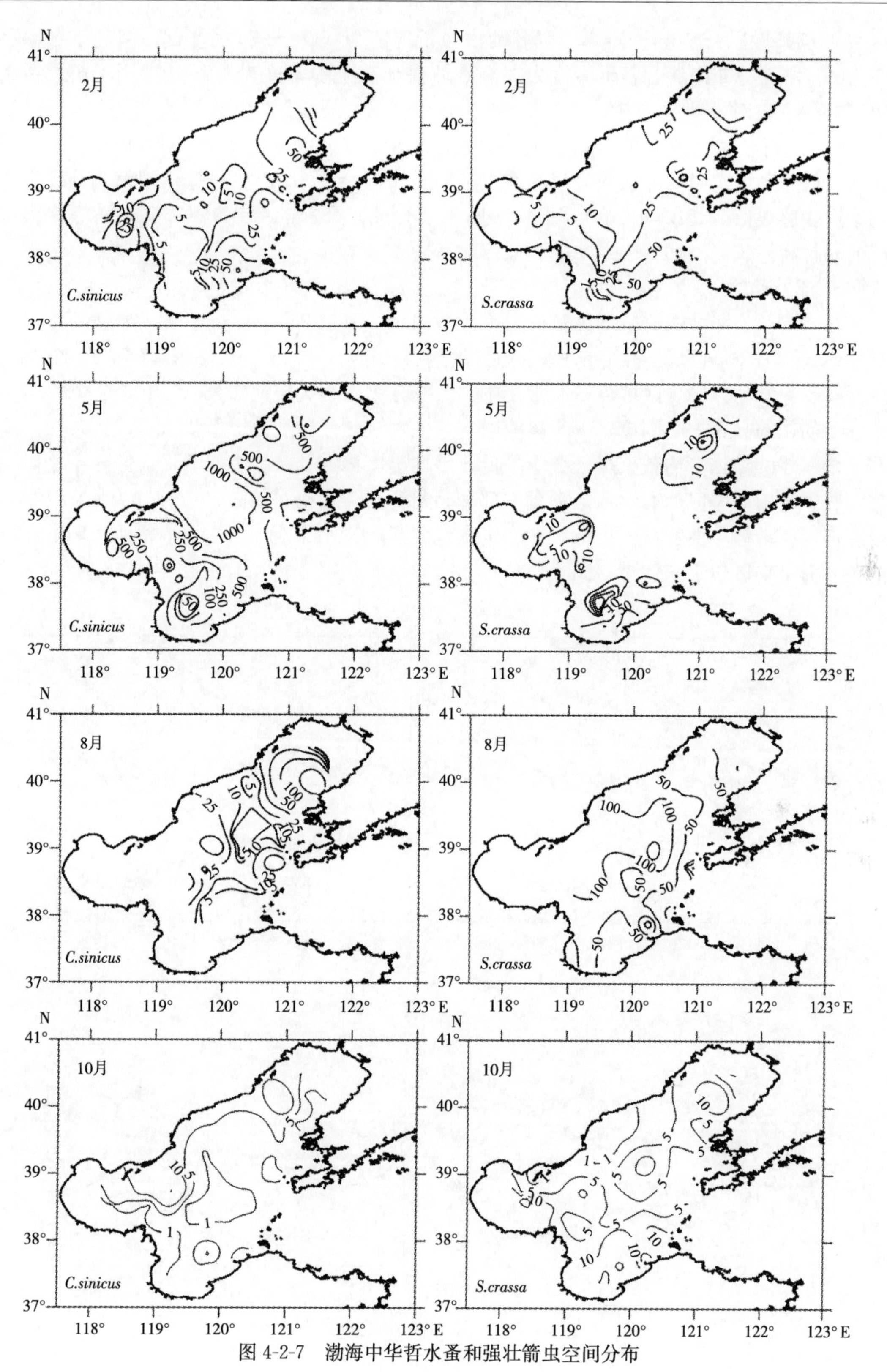

图 4-2-7　渤海中华哲水蚤和强壮箭虫空间分布

该种的丰度小于 5 个/m³。春季，强壮箭虫数量均值为（24±27）个/m³，略高于冬季平均值。从平面分布来看，春季渤海大部分水域强壮箭虫的丰度为（5～10）个/m³，在莱州湾口有一相对密集分布中心（>50 个/m³）。夏季，强壮箭虫数量均值为（62±46）个/m³，远高于冬、春两季。海区内强壮箭虫的丰度多为 50～100 个/m³。相较而言，近滦河口以西渤海湾和中部水域为强壮箭虫密集区（>100 个/m³）。秋季，渤海内强壮箭虫的丰度普遍很低（<10 个/m³），平均丰度为（8±9）个/m³，莱州湾和辽东湾为该种丰度的相对高值区（>10 个/m³）（图 4-2-7）。

3. 浮游幼体

冬季，调查海区内浮游幼体较少，平均数量为（16±26）个/m³，最高密集区达 127 个/m³。春季，调查海区内浮游幼体平均数量达（5±11）个/m³，最高密集区达 67 个/m³。冬、春季浮游幼体出现区域分布非常集中。冬季分布中心为滦河口外（>100 个/m³）；春季浮游幼体的分布中心则位于莱州湾湾内，其他水域的浮游幼体非常少（<5 个/m³）。夏季，渤海浮游幼体平均数量虽较冬季略低，平均丰度为（14±22）个/m³，但分布相对均匀，在整个调查海区均有分布，渤海中部和莱州湾的丰度相对较高（>10 个/m³）。秋季，渤海内浮游幼体丰度较夏季更低，平均丰度仅为（3±9）个/m³，与春季相似，该季浮游幼体相对密集区位于莱州湾（图 4-2-8）。

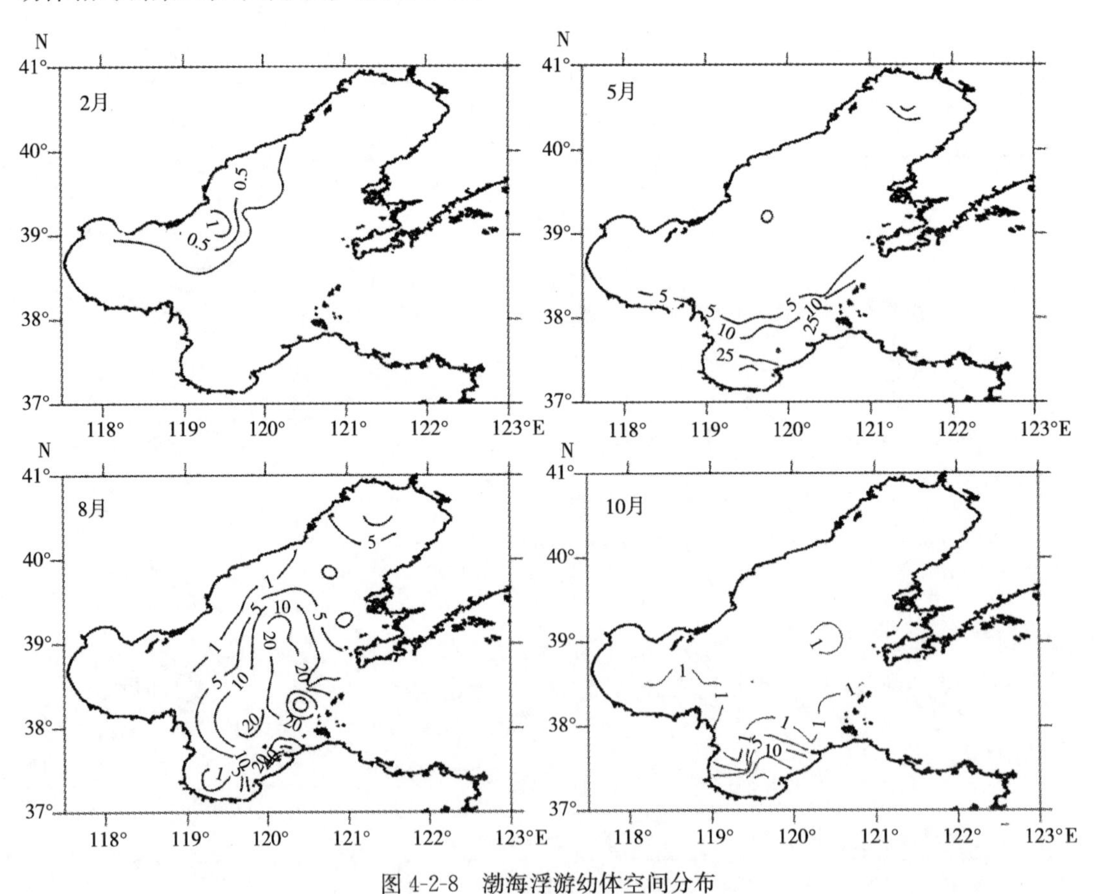

图 4-2-8 渤海浮游幼体空间分布

六、总体评价

总体而言，近期渤海浮游动物的种类组成、分布趋势与以往的调查结果基本相似。不同类型种类的数量分布中心具有明显的季节变化。春季是渤海浮游动物丰度和生物量高值出现的季节，其主要种类构成是桡足类以及不同的浮游幼体。春季，优势种的丰度与其他种类的相差明显，因此该季海区的多样性水平和均匀度相对冬、夏季略低。冬季和夏季，渤海浮游动物的丰度和生物量均较春季有显著的降低，毛颚类和个体较小的桡足类、浮游幼体、短尾类幼体、长腕类幼体是其总丰度的主要贡献者。秋季，渤海的浮游动物丰度和生物量最低，毛颚类强壮箭虫是其总丰度和生物量的主要贡献者。

第三节　大型底栖动物

一、种类组成

2014 年 6 月共采集到大型底栖动物 114 种，优势种主要是低温、广盐暖水种。其中，环节动物 65 种，占总种数的 57%；软体动物 11 种，占总种数的 10%；节肢动物 22 种，占总种数的 19%；棘皮动物 8 种，占总种数的 7%；其他动物共 8 种（肠腔动物 2 种，纽形动物 2 种，螠虫动物 1 种，其他类 3 种），占总种数的 7%（图 4-3-1），其中鉴定到种的有 108 种。从丰度来看，环节动物占绝对优势，为 310.9 个/m^2，占总平均丰度的 59.05%；节肢动物为 76.6 个/m^2，占 14.54%；软体动物为 42.1 个/m^2，占 8.01%；棘皮动物为 70.3 个/m^2，占 13.35%；而其他动物的丰度为 34.0 个/m^2，占 5.04%。在生物量上，棘皮动物则占优势，为 8.99 g/m^2，占总平均生物量的 60.46%；节肢动物为 0.83g/m^2，占 5.58%；软体动物为 0.66g/m^2，占 4.47%；环节动物为 1.99g/m^2，占 13.40%；其他动物的生物量为 2.39g/m^2，占 16.09%。

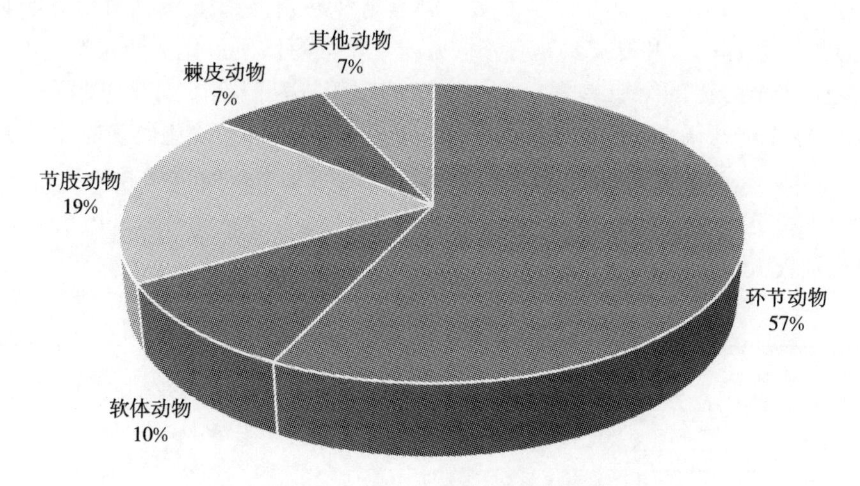

图 4-3-1　2014 年 6 月大型底栖动物种类组成

2014 年 8 月共采集到大型底栖动物 112 种，其中，环节动物 70 种，占总种数的

63%；软体动物10种，占总种数的9%；节肢动物16种，占总种数的14%；棘皮动物8种，占总种数的7%；其他动物共8种（肠腔动物1种，纽形动物2种，蠕虫动物1种，鱼类1种，其他类3种），占总种数的7%（图4-3-2），其中鉴定到种的有103种。从丰度来看，环节动物占绝对优势，达338.7个/m^2，占总平均丰度的69.08%；节肢动物为37.1个/m^2，占7.56%；软体动物为56.5个/m^2，占11.51%；棘皮动物为58.1个/m^2，占11.82%；而其他动物的丰度为1.94个/m^2，占3.95%。在生物量上，棘皮动物为20.56g/m^2，占总平均生物量的29.93%；节肢动物4.01g/m^2，占5.84%；软体动物为18.22g/m^2，占26.52%；环节动物为12.39g/m^2，占18.04%；其他动物的生物量为13.5g/m^2，占19.65%。

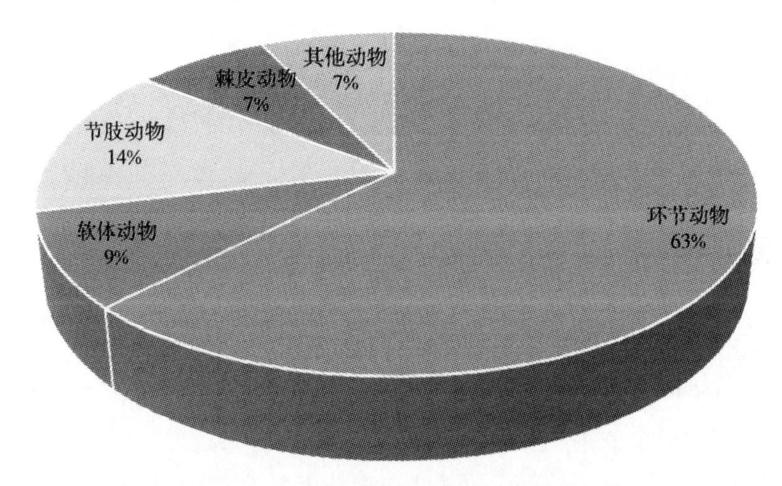

图4-3-2　2014年8月大型底栖动物种类组成

渤海包括辽东湾、渤海湾和莱州湾3个海湾，由于3个海湾所处的地理位置不同，其底质类型、海洋水环境也不同，决定了底栖动物的组成也不同（表4-3-1）。

在大型底栖动物丰度组成上，辽东湾、渤海湾和莱州湾都是环节动物占绝对优势地位，节肢动物、软体动物和棘皮动物在不同月份、不同海湾所占比例变化参差不齐。在生物量组成上，3个海湾的组成差别较大。辽东湾中棘皮动物在6月生物量高达23.92g/m^2，占总生物量的90%以上，8月增加为39.85g/m^2；环节动物生物量在2个月份的变动较小，分别为1.99g/m^{2}和6.75g/m^2。莱州湾中其他动物（包括肠腔动物、纽形动物、蠕虫动物、鱼类等）生物量较高，6月和8月分别为2.72g/m^{2}和29.25g/m^2，在总生物量中所占比例较大。

表4-3-1　3个海湾底栖动物的种类组成

海湾			环节动物	节肢动物	软体动物	棘皮动物	其他	总计
辽东湾	6月	丰度	300	88.89	50.00	94.44	16.67	550
		生物量	1.99	1.72	0.12	23.92	0.30	28.06
	8月	丰度	266.7	50.0	66.7	44.4	11.1	427.8
		生物量	6.75	1.99	5.43	39.85	2.23	56.26

（续）

海湾			环节动物	节肢动物	软体动物	棘皮动物	其他	总计
渤海湾	6月	丰度	305.56	72.22	44.44	66.67	50.00	538.89
		生物量	2.18	0.45	0.59	3.86	4.04	11.12
	8月	丰度	244.4	33.3	22.2	50.0	33.3	350.0
		生物量	16.87	4.67	17.72	13.62	2.01	54.89
莱州湾	6月	丰度	321.43	71.43	35.71	57.14	17.86	503.57
		生物量	1.88	0.50	1.06	2.69	2.72	8.85
	8月	丰度	655.6	111.1	38.9	105.6	22.2	911.1
		生物量	13.20	4.96	27.42	12.02	29.25	86.84

注：丰度和生物量的单位分别为个/m^{2}和g/m^2。

二、丰度和生物量分布

（一）丰度分布

2014年6月调查海域大型底栖动物的平均丰度为526.56个/m^2，辽东湾大型底栖动物平均丰度最高，为550个/m^2；其次是渤海湾538.89个/m^2；莱州湾平均丰度值最低，为503.57个/m^2。其中站位丰度最高值出现在1394站位，仅为1 200个/m^2；其次是119站位，为900个/m^2；1194站位的丰度值最低，为150个/m^2（图4-3-3）。

2014年8月调查海域大型底栖动物的平均丰度为509.68个/m^2，莱州湾平均丰度最高，为646.15个/m^2；其次是辽东湾，为438.89个/m^2；渤海湾平均丰度最低，为383.33个/m^2。站位丰度最高值出现在794站位，为1 100个/m^2；其次是1394站位和2551站位，丰度值分别为1 050个/m^{2}和1 000个/m^2；最低值出现在莱州湾的6183站位，为150个/m^2（图4-3-4）。

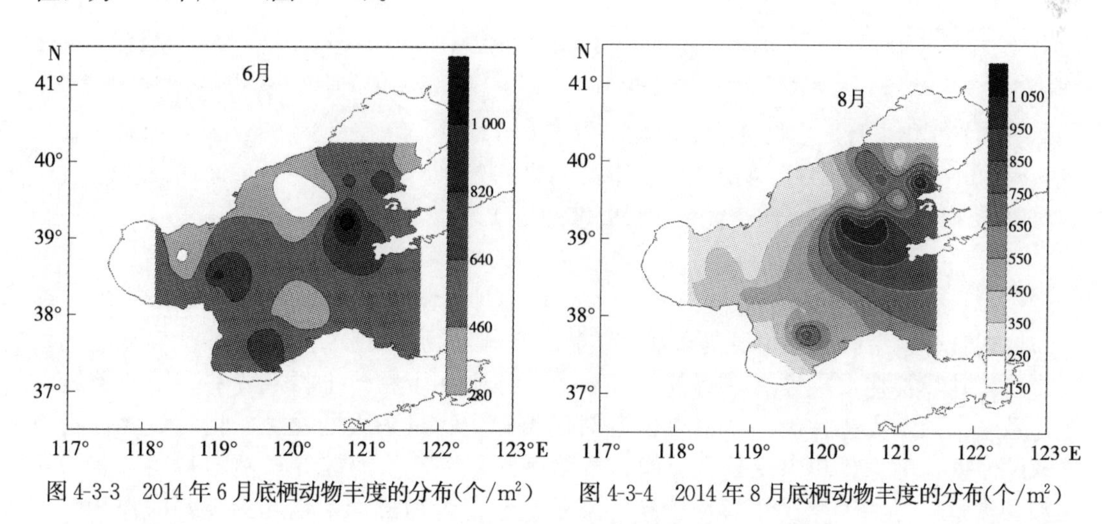

图4-3-3　2014年6月底栖动物丰度的分布(个/m^2)　　图4-3-4　2014年8月底栖动物丰度的分布(个/m^2)

从季节变化来看，相比春季，夏季大型底栖动物的平均丰度值下降，由526.56个/m^{2}降低到509.68个/m^2，各个海湾的大型底栖动物丰度值也呈现不同的变化，莱州湾春季丰度值最低，夏季最高；辽东湾春季丰度值最高，夏季为第二位；渤海湾春季丰度值为第二位，夏季则最低。

（二）生物量分布

2014 年 6 月调查海域的大型底栖动物平均生物量为 14.89g/m^2，辽东湾平均生物量最高，为 28.06g/m^2；其次是渤海湾，为 11.12g/m^2；莱州湾平均生物量最低，为 8.85g/m^2。站位平均生物量最高值出现在莱州湾的 6251 站位，其生物量为 198.25g/m^2，该站位出现了大量的个体体重较大的心形海胆。其他站位的生物量均小于 100g/m^2，生物量最低值出现在辽东湾的 1294 站位，生物量仅为 0.272 5g/m^2。（图 4-3-5）

2014 年 8 月调查海域大型底栖动物的平均生物量为 68.68g/m^2，莱州湾平均生物量最高，为 86.84g/m^2；其次是辽东湾的 56.26g/m^2；渤海湾生物量最低，为 54.89 g/m^2。站位平均生物量最高值出现在辽东湾的 5274 站位，其生物量高达 360.23g/m^2，该站位出现了大量的个体体重较大的扁玉螺；其次是 794 站位，生物量为 296.68g/m^2，该站位出现了个体较大的棘皮动物；1294 站位的生物量最低，仅为 3.08g/m^2（图 4-3-6）。

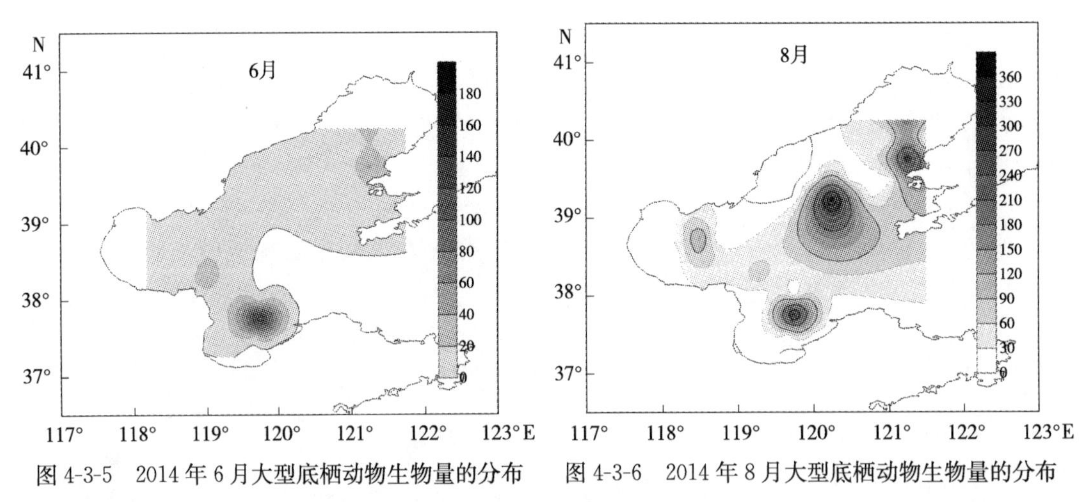

图 4-3-5　2014 年 6 月大型底栖动物生物量的分布　　图 4-3-6　2014 年 8 月大型底栖动物生物量的分布

从季节变化来看，生物量的变动规律与丰度值相反，夏季（68.68g/m^2）远高于春季（14.89g/m^2），这是因为夏季出现了个体较大的机会种，如心形海胆（356.90g/m^2）、江户明樱蛤（145.42g/m^2）和凸镜蛤（119.05g/m^2）。

三、优势种组成

调查海域大型底栖动物群落以环节动物、软体动物和节肢动物为主。大型底栖动物中小个体种类往往在丰度上占有优势，而大个体则在生物量上占有优势，因此单纯以个体数量来判断优势种类，会忽视生命周期长和生物量较大的物种。相对重要性指数能兼顾丰度、生物量和出现频率，如日本倍棘蛇尾和心形海胆等虽然不是调查海域的优势种类，但是相对重要性指数较高，说明它们在生物群落中也起到重要的作用。表 4-3-2 为 2 个航次中相对重要性指数（即优势度）占前 10 位的种类，在不同的航次中，种群的相对重要性存在差异。

6月，调查海域大型底栖动物群落的前10种优势种类包括棘皮动物心形海胆、日本倍棘蛇尾，软体动物扁玉螺，节肢动物日本浮浪水虱，环节动物持真节虫、长吻沙蚕、日本刺沙蚕、全刺沙蚕、长须沙蚕及黄岛长吻虫。其中环节动物种类最多，为5种。心形海胆的优势度最高，为1 367，是该月份底栖动物群里的重要优势种，单种生物量高达186.14g/m^2，占总生物量的39.11%。优势度大于500小于1 000的优势种有5种，其他种类的优势度均小于500。

8月，前10种优势种类中有4种环节动物，分别为持真节虫、短叶索沙蚕、不倒翁虫和日本长手沙蚕；2种棘皮动物分别为心形海胆和日本倍棘蛇尾，2种环节动物分别为持真节虫和中华蜾蠃蜚。其中相对重要性指数大于1 000的种类有日本倍棘蛇尾、心形海胆和纽虫。与6月相比，8月大型底栖动物的优势种发生了较大的变动，心形海胆在6月为首位优势种，8月降到第二位；日本倍棘蛇尾在6月为第三位优势种，8月上升为首位优势种；纽虫不是6月的优势种，而8月其优势度高达1 080。

总体看来，调查海域春季和夏季的优势种类由棘皮动物和软体动物组成，其中心形海胆、日本倍棘蛇尾、扁玉螺等为调查海域的重要优势种类。

表4-3-2　不同月份底栖动物的相对重要性指数

种名	6月	种名	8月
心形海胆	1 367	日本倍棘蛇尾	2 452
扁玉螺	941	心形海胆	1 687
日本倍棘蛇尾	823	纽虫	1 080
日本浮浪水虱	809	扁玉螺	891
黄岛长吻虫	742	日本浮浪水虱	836
持真节虫	531	持真节虫	764
长吻沙蚕	436	中华蜾蠃蜚	520
日本刺沙蚕	425	短叶索沙蚕	390
全刺沙蚕	338	不倒翁虫	386
长须沙蚕	289	日本长手沙蚕	268

四、重要种分布

1. 日本倍棘蛇尾

6月，日本倍棘蛇尾出现频率为28.12%，主要分布在辽东湾，丰度值较高的站位都分布在此，最高值站位位于辽东湾东南侧沿岸海域，达250个/m^2。位于黄河入海口两侧的渤海湾和莱州湾沿岸海域也有一定数量的日本倍棘蛇尾出现。

8月，日本倍棘蛇尾出现频率为31.25%，与6月相比，其分布范围进一步扩大，有自沿岸向湾中央深水区延伸的趋势，最高值出现在辽东湾接近中央的水域，为250个/m^2。6月和8月日本倍棘蛇尾在渤海湾分布都较少（图4-3-7）。

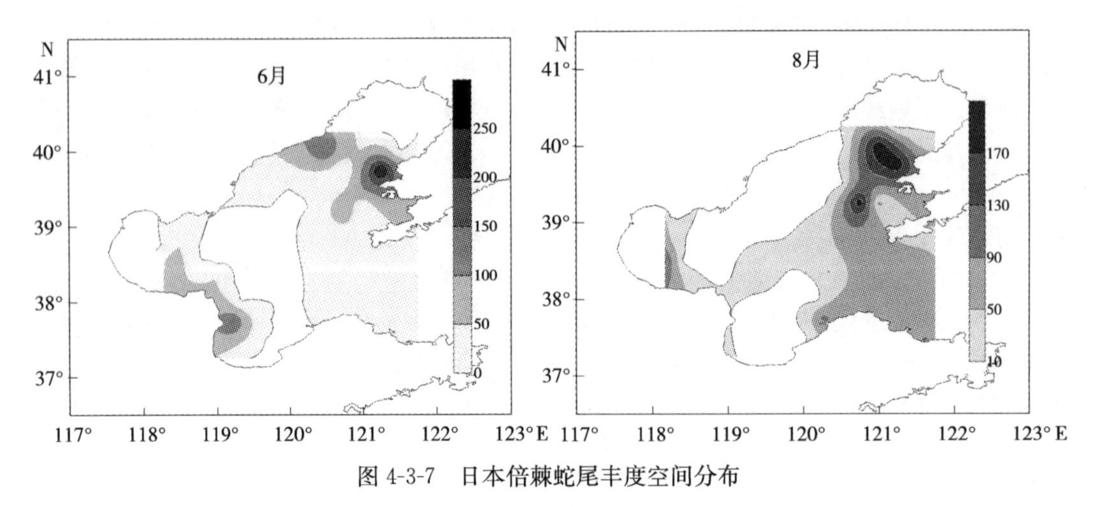

图 4-3-7　日本倍棘蛇尾丰度空间分布

2. 持真节虫

6 月，持真节虫出现频率为 28.12%，主要分布在辽东湾至渤海中东部海域，近岸海域站位丰度值高于深水区，最高值位于辽东湾湾口海域，为 250 个/m^2。莱州湾东南部沿岸海域也有一定数量的持真节虫出现。

8 月，持真节虫出现频率为 38.71%，与 6 月相比，其高值区转移到渤海中央深水区，最高值站位出现在莱州湾湾口海域，为 250 个/m^2。持真节虫在渤海湾分布较少（图 4-3-8）。

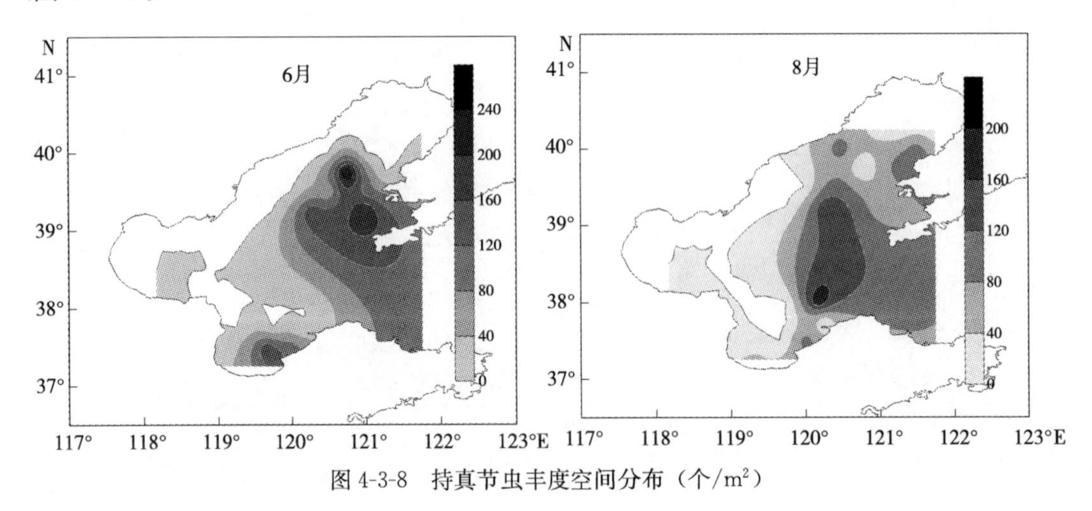

图 4-3-8　持真节虫丰度空间分布（个/m^2）

五、动态分析

1. 生物量和丰度

与历史资料相比，渤海 3 个海湾大型底栖动物的平均丰度远远低于 1997—1998 年渤海海峡数值，高于 1982 年渤海和黄河口及其邻近海域以及 2000—2001 年南黄海的数值。平均生物量与其他海域的差别相对较小，低于 1997—1998 年渤海海峡和北黄海近岸数值，高于大部分其他调查海域数值（表 4-3-3）。

表 4-3-3　不同海域大型底栖动物种类数、丰度和生物量的比较

调查海域	时间	种类数	丰度（个/m²）	生物量（g/m²）
渤海	1982 年 7 月	—	343	2.76
渤海	1997—1999 年	306	2 575	42.59
渤海	2009 年	261	1 030	25.61
北黄海	1999 年 12 月	178	357	44.65
北黄海	2007 年 1 月	322	1 883	38.86
北黄海	2010 年	287	1 326	34.62
渤海海峡	1997 年 6 月至 1998 年 9 月	—	3 968	103.27
北黄海近岸	1997 年 6 月至 1998 年 7 月	107	511	106.1
南黄海	2000—2001 年	272	272	19.23
黄河口及其邻近海域	1982 年 5 月	—	557	35.28
辽东湾	2014 年	84	494.45	42.16
渤海湾	2014 年	72	461.11	33.00
莱州湾	2014 年	76	574.86	47.86

由于海上取样和室内分选方法的差异，使得大型底栖动物丰度和生物量与历史资料的比较异常困难。与孙道元（1991，1996）的报道比较，本研究中渤海海区的平均丰度值有较大幅度的增加，平均生物量虽然也比以前的调查结果高，但增加幅度相对较小；环境变化可能会造成上述差异，但使用不同孔径网筛可能是造成上述差异的另一主要原因，比如 1982 年孙道元（1991）在调查渤海底栖动物时，使用的是 1mm 孔径的网筛。于子山等（2001）在比较胶州湾北部软底大型底栖动物丰度和生物量时，同样也发现存在这一问题。由此可以推测，渤海大部海区的总平均生物量在过去 10 年中可能并未发生大的变化。

2. 优势种

辽东湾则因为数据较少，无法得知 20 世纪 90 年代优势种变化情况，但根据现有数据可知辽东湾常见优势种减少，季相星等（2012）在 2009 年调查辽东湾西部海域时发现，日本双边帽虫为绝对优势种类，但是分布范围非常小；蔡文倩等（2012）2008—2012 年调查辽东湾发现，小型机会种双壳类如光滑河篮蛤成为绝对优势种。本研究调查发现，辽东湾 2014 年的优势种为棘皮动物日本倍棘蛇尾，说明辽东湾的底栖生境可能发生了较大变化。

相关研究表明，莱州湾大型底栖动物的群落结构也发生了明显变化，这种变化主要体现在优势种的小型化趋势，即小个体的多毛类、双壳类和甲壳类取代大个体的棘皮动物和软体动物（周红等，2010）。20 世纪 80 年代莱州湾的生物量很高，穴居型的双壳类和棘皮动物在数量和生物量上均占明显优势，形成以凸壳肌蛤、心形海胆为优势种的群落（孙道元等，1989，1991）；到 90 年代，在莱州湾丰度和生物量很高的心形海胆和凸壳肌蛤被较小的紫壳阿文蛤和银白齿缘壳蛞蝓取代（韩洁等，2001）；而 21 世纪以后，除了紫壳阿文蛤继续占优势地位外，更小的种类小亮樱蛤、微型小海螂等相继成为优势种。

在历史记录中，小型双壳类、甲壳类、小型多毛类以及棘刺锚参等为渤海湾的优势种

类，这是因为渤海湾沿岸河流输入的大量细颗粒泥沙，为这些底栖动物营埋栖生活提供了良好的栖息环境。20 世纪 50 年代至 80 年代，黄河、滦河和海河每年都携带大量富含营养物质的泥沙入海（秦蕴珊等，1985），使得渤海湾物种丰富，食物链稳定有序，大型经济物种较多。饵料生物如小型双壳类虽然常见，但并不占据主导地位。21 世纪以后，主要入海河流，如黄河、滦河的季节性断流（枯水期）导致入海泥沙量降低，加之海湾周围大量围海造陆工程的实施，减缓了近岸余流速度（Zheng et al.，2011；Li et al.，2010；Wang et al.，2007），泥沙的输送能力减弱，从而改变了渤海湾近岸海域的沉积物组分。然而，2009 年滨海新区围海造陆工程的重新启动，对底栖生境的干扰加重，导致物种数量减少。此外，近年来天津港航道疏浚工程也对该地区的沉积环境影响较大（冯剑丰等，2011），甚至导致大型底栖动物灭绝（Li et al.，2010）。本研究中，渤海湾大型底栖动物春季和夏季两次调查都没有出现优势种类，这可能与周围海洋环境的变动有关。

第四节　游泳生物

渤海中国对虾增殖容量评估依托于渤海的简化食物网结构，而一个生态系统的食物网结构必须包含关键种。关键种是指在生态系统和食物网中具有关键作用的种类，其影响的大小和其自身的丰度并不一定成比例，它们在维护生物多样性和生态系统稳定方面起着重要作用，如果它们消失或削弱，整个生态系统可能要发生根本性的变化。关键种的筛选对于整个生态系统的研究都具有重要的理论和实际意义。

关键种理论是 1969 年由美国华盛顿大学 Paine 提出的生态学的基本理论，现今被广泛采用的关键种定义是由 Power 等（1996）提出的。渤海作为我国唯一的半封闭性内海，近几年鱼类群落结构已经发生了很大的变化，渔业资源衰退严重、渔业资源结构发生明显变化，重要渔业资源已不能形成渔汛，对渤海、黄海渔业的支持功能日益衰退。本研究基于 2012—2016 年每年 8 月渤海各调查站位鱼类资源量拖网调查数据，通过分析各鱼种对年度群落结构组间相似性和组内差异性贡献率的大小和出现次数，遴选群落结构的关键种，旨在推动渤海食物网结构与生态系统能量流动的研究，以及为海洋捕捞产业的调整、各项资源养护管理措施的制定和生态系统的恢复构建提供科学依据。

一、数据来源与分析方法

鱼类资源数据来源于 2012—2016 年每年 8 月的渔业拖网调查，调查区域为 37 °00′—41 °00′N、118°00′—122°00′E（图 4-4-1）。渔业资源评估调查租用 205 kW 双拖渔船，使用专用调查网具，网口高度 6 m，网口宽度 22.6m，网口周长 1 740 目，网目 63mm，囊网网目 20mm，拖速 3kn，每站拖网 1h。因天气、军事和生产渔船作业原因，每年的调查站位稍有不同。

鱼类资源量的估算采用扫海面积法，其中底层鱼类捕获率取 0.5，中上层鱼类取 0.3。为统计渤海 2012—2016 年站位组间群落结构相似性与差异性的鱼种总贡献率和总贡献次数，先对渤海各年度鱼类群落进行分组，然后对各组两两间进行群落结构相似性和差异性分析，统计各鱼种在组间的贡献率和出现次数，汇总鱼种年度贡献率和贡献次数，最后统

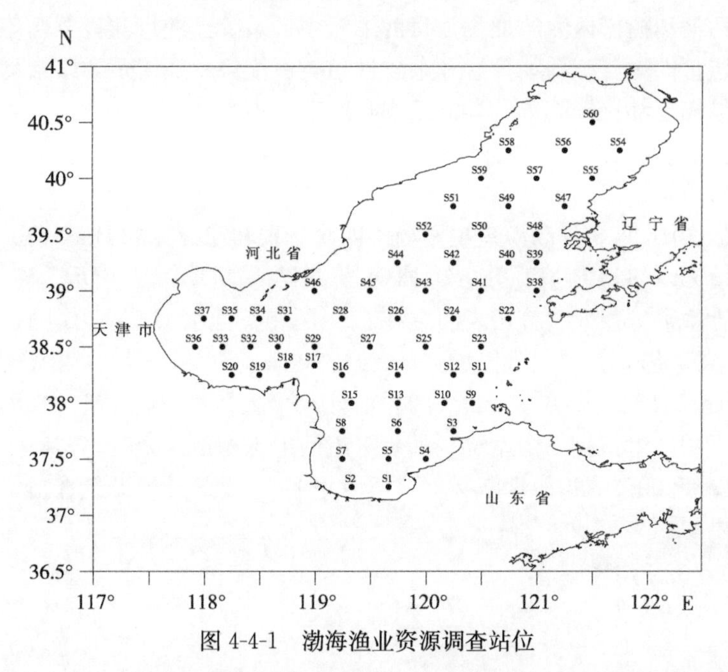

图 4-4-1　渤海渔业资源调查站位

计鱼种 2012—2016 年总的贡献率和贡献次数。对鱼类群落进行 CLUSTER 聚类（Bray-Curtis）和 MDS 标序分析前，将鱼类资源量原始数据进行四次方根转换标准化，并去掉各站位中的稀有种，只保留各站位中资源量占总资源量至少 3%的鱼种。

二、种类组成

2012 年捕获鱼类 34 种，隶属 9 目 24 科 32 属；2013 年捕获鱼类 29 种，隶属 6 目 19 科 25 属；2014 年捕获鱼类 33 种，隶属 6 目 21 科 29 属；2015 年捕获鱼类 38 种，隶属 10 目 27 科 37 属；2016 年捕获鱼类 51 种，隶属 10 目 30 科 46 属。各年度鱼类生态属性见表 4-4-1，所有年份底层种和暖温种数量与生物量均占优势。

表 4-4-1　2012—2016 年渤海鱼类基本情况

年份	目	科	属	种	底层种	中上层种	冷温种	暖水种	暖温种
2012 年	9	24	32	34	26	9	7	9	19
2013 年	6	19	25	29	20	9	5	8	16
2014 年	6	21	29	33	24	9	3	13	17
2015 年	10	27	37	38	30	8	8	11	19
2016 年	10	30	46	51	42	9	11	18	22

2012—2016 年，渤海总鱼类、底层鱼类的种类数变化较大，2012—2013 年递减，但 2013—2016 年一直呈上升趋势，科、属及暖温种的种类数也有此变化趋势；冷温种和暖水种的种类数没有明显的变化规律，波动较大；中上层鱼类的种类数变化不大，基本上维持在 9 种左右。

由于环境污染和捕捞压力的加大，目前渤海生态系统已逆行演替至群落结构相对简单的阶段，中上层鱼类中浮游动物食性和杂食性鱼类占优势，底层鱼类以杂食性的虾虎鱼为主，组成上和结构上都比较简单，种群结构年际变化不大。

三、群落结构分组

根据 2012—2016 年 8 月渤海鱼类资源量四次方根转换计算的 Bray-Curtis 相似性系数矩阵所做的群落 CLUSTER 聚类分析和 MDS 标序结果如图 4-4-2 所示。

根据相似性系数进行聚类分析表明，在 32%的相似性水平上，可以把 2012 年 8 月渤海调查站位分成 7 组，其中 1 组只有 1 个站位，其余 6 组的组内相似性为44.41%～73.14%，平均为 55.52%。在 35.49%的相似性水平上，可以把 2013 年 8 月渤海调查站位分成 9 组，其中 2 组只有 1 个站位，其余 7 组的组内相似性为35.49%～54.56%，平均为 48.22%。在 35.69%的相似性水平上，可以把 2014 年 8 月渤海调查站位分成 6 组，其

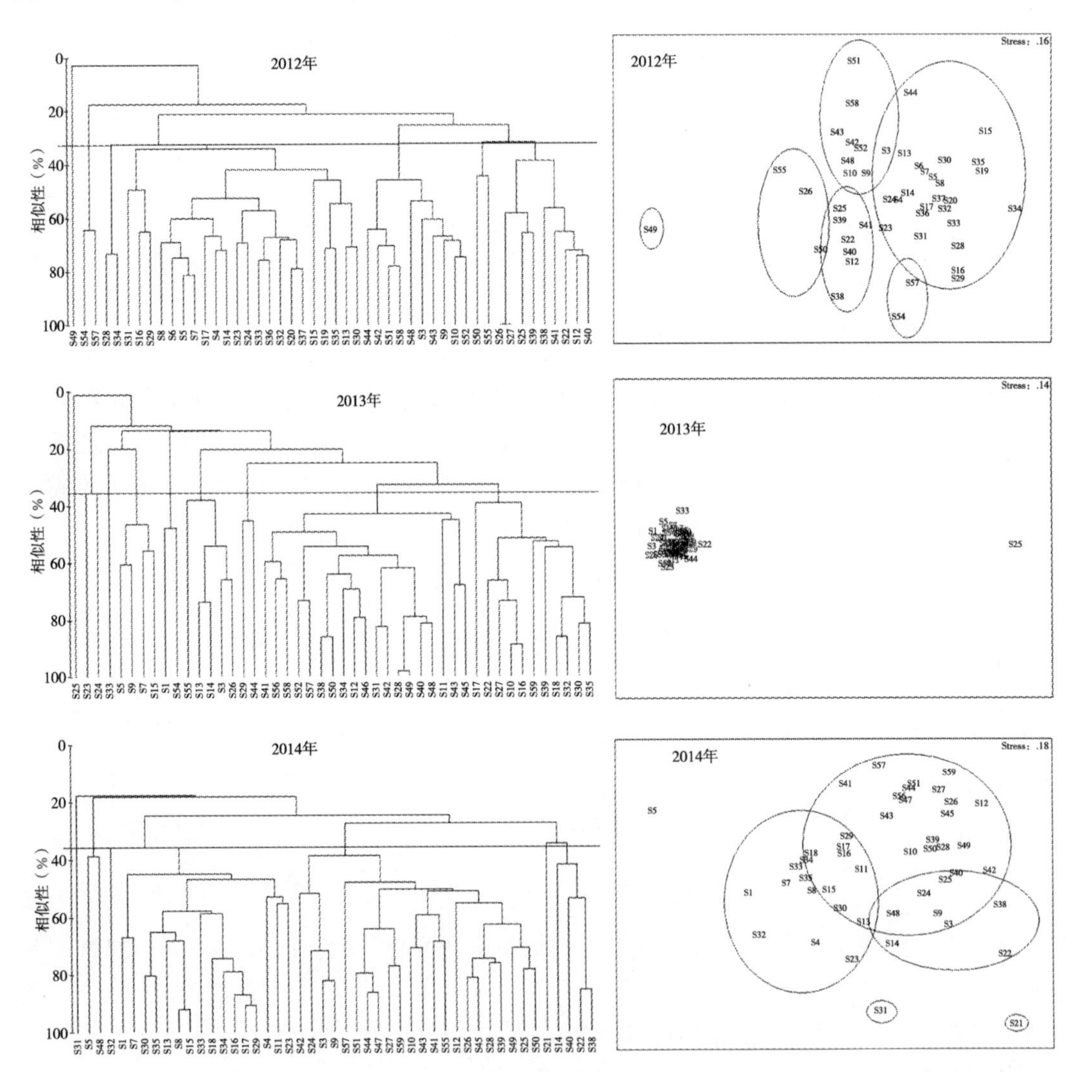

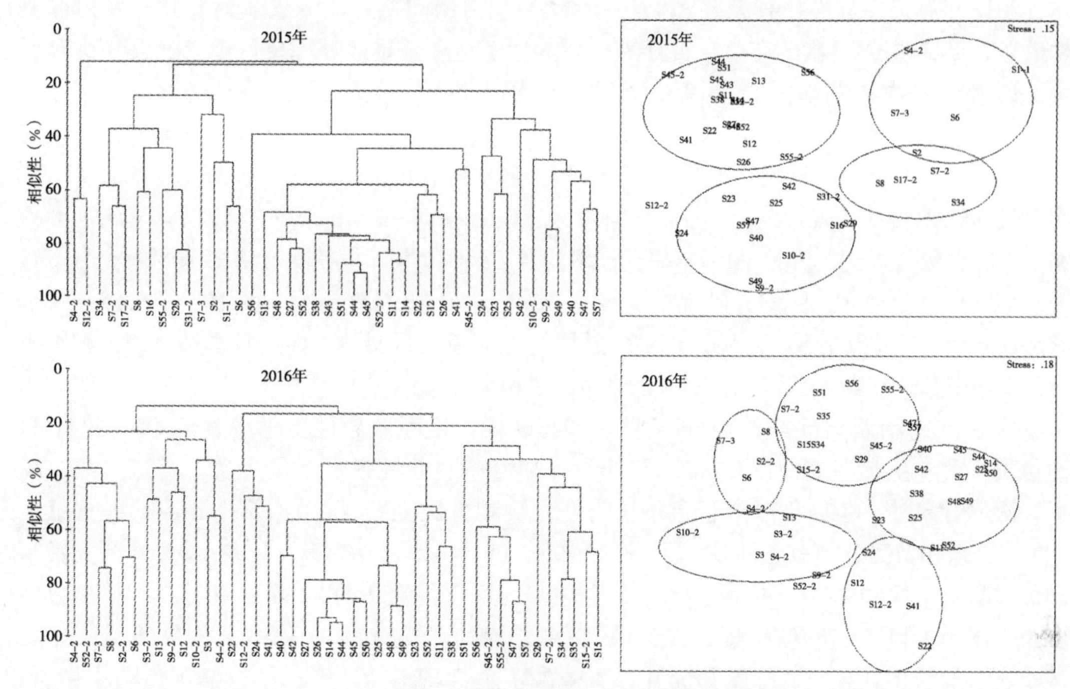

图 4-4-2 CLUSTER 聚类分析和 MDS 标序结果

中 2 组只有 1 个站位，其余 4 组的组内相似性为38.65%～53.03%，平均为 48.50%。在 31.94%的相似性水平上，可以把 2015 年 8 月渤海调查站位分成 5 组，5 组的组内相似性为 31.94%～63.32%，平均为 48.11%。在 29.93%的相似性水平上，可以把 2016 年 8 月渤海调查站位分成 6 组，其中 1 组只有 1 个站位，其余 5 组的组内相似性为 29.93%～55.25%，平均为 37.67%。

2012—2016 年 8 月渤海鱼类群落 MDS 标序应力系数都小于 0.2，拟合度相对较好，能较好地解释分组情况。

四、群落结构差异性

单因子相似性分析（ANOSIM）表明，2012—2016 年年度鱼类组群种类组成差异都极显著（$R=0.74$，$P=0.001$；$R=0.84$，$P=0.001$；$R=0.78$，$P=0.001$；$R=0.94$，$P=0.001$；$R=0.85$，$P=0.001$）。对种群结构进行 SIMPER 分析，发现 2012 年组间差异性指数为 67.49%～100%。所有组间差异性贡献率大于 10%的共 10 种鱼类，贡献 11 次的有小黄鱼（*Pseudosciaena polyactis*）和黄鲫，矛尾虾虎鱼和细纹狮子鱼（*Liparis tanakae*）贡献了 10 次，鳀贡献了 9 次，小带鱼（*Eupleurogrammus muticus*）、蓝点马鲛（*Scomberomorus niphonius*）和许氏平鲉（*Sebastes schlegelii*）分别贡献了 7 次、6 次和 5 次，仅青鳞沙丁鱼（*Sardinella zunasi*）贡献了 1 次。贡献各组间差异性 80%累积贡献率的共 12 种鱼类，贡献次数由多至少依次为细纹狮子鱼、鳀、矛尾虾虎鱼、小黄鱼、黄鲫、许氏平鲉、小带鱼、斑鰶（*Konosirus punctatus*）、赤鼻棱鳀（*Thryssa kammalensis*）、蓝点马鲛、青鳞沙丁鱼和黄鮟鱇（*Lophius litulon*），每个种贡献次数为 4～19 次。

2013年组间差异性指数为67.33%～100%。所有组间差异性贡献率大于10%的共有16种鱼类，贡献超过10次的有鳀、黄鮟鱇、青鳞沙丁鱼和矛尾复虾虎鱼，贡献次数分别为15次、14次、13次和11次；赤鼻棱鳀贡献了9次，斑鰶、银鲳（*Pampus argenteus*）、小带鱼、蓝点马鲛、日本鲭（*Scomber japonicus*）和绿鳍马面鲀（*Thamnaconus modestus*）各贡献了8次，细纹狮子鱼贡献了5次，黄鲫和大银鱼（*Protosalanx hyalocranius*）各贡献了3次，长吻红舌鳎（*Cynoglossus lighti*）与绯䲗（*Callionymus beniteguri*）分别只贡献了2次和1次。贡献各组间差异性80%累积贡献率的共17种鱼类，贡献次数由多至少依次为黄鮟鱇、斑鰶、长吻红舌鳎、赤鼻棱鳀、绯䲗、黄鲫、黄鳍马面鲹（*Thamnaconus hypargyreus*）、蓝点马鲛、绿鳍马面鲀、矛尾复虾虎鱼、青鳞沙丁鱼、日本鲭、鳀、细纹狮子鱼、小带鱼、小黄鱼和银鲳，贡献次数为5～26次。

2014年组间差异性指数为65.58%～94.66%，组间差异性贡献率大于10%的有11种鱼类，贡献次数多集中在5～7次。其中鳀和绿鳍马面鲀各贡献了7次，蓝点马鲛贡献了6次，青鳞沙丁鱼、细纹狮子鱼、长吻红舌鳎和方氏云鳚（*Enedrias fangi*）各贡献了5次，斑鰶和黄鲫各贡献了4次，六丝矛尾虾虎鱼（*Chaeturichthys hexanema*）和大银鱼分别贡献了3次和2次。贡献各组间差异性80%累积贡献率的共15种鱼类，贡献次数由多至少依次为斑鰶、赤鼻棱鳀、大银鱼、方氏云鳚、黄鮟鱇、黄鲫、长吻红舌鳎、蓝点马鲛、六丝矛尾虾虎鱼、绿鳍马面鲀、青鳞沙丁鱼、日本鲭、鳀、细纹狮子鱼和小带鱼，贡献次数为2～13次。

2015年组间差异性指数为68.83%～97.67%，组间差异性贡献率大于10%的生物有12种，贡献超过10次的有矛尾复虾虎鱼、黄鲫、六丝矛尾虾虎鱼和蓝点马鲛，贡献次数分别为26次、15次、13次和10次；斑鰶、青鳞沙丁鱼、银鲳、鳀和许氏平鲉各贡献了8次，赤鼻棱鳀贡献了5次，日本鲭贡献了3次，褐菖鲉（*Sebastiscus marmoratus*）只贡献了1次。贡献各组间差异性80%累积贡献率的共15种鱼类，贡献次数由多至少依次为矛尾复虾虎鱼、六丝矛尾虾虎鱼、黄鲫、蓝点马鲛、斑鰶、赤鼻棱鳀、褐菖鲉、鳀、细纹狮子鱼、青鳞沙丁鱼、日本鲭、许氏平鲉、银鲳、绯䲗和白姑鱼（*Argyrosomus argentatus*），贡献次数为1～26次。

2016年组间差异性指数为50%～90.25%，组间差异性贡献率大于10%的生物有8种，鳀和大菱鲆（*Scophthalmus maximus*）各贡献了7次，斑鰶贡献了6次，黄鲫和褐牙鲆（*Paralichthys olivaceus*）各贡献了5次，许氏平鲉和鲬（*Platycephalus indicus*）各贡献了4次，方氏云鳚只贡献了1次。贡献各组间差异性80%累积贡献率的共28种鱼类，贡献次数由多至少依次为黄鮟鱇、矛尾虾虎鱼、六丝矛尾虾虎鱼、蓝点马鲛、许氏平鲉、黄鲫、小带鱼、细条天竺鱼（*Apogonichthys lineatus*）、斑鰶、绯䲗、青鳞沙丁鱼、鳀、牙鲆、方氏云鳚、大泷六线鱼（*Hexagrammos otakii*）、鲬、白姑鱼、长吻红舌鳎、小黄鱼、赤鼻棱鳀、长蛇鲻（*Saurida elongata*）、大菱鲆、丝虾虎鱼（*Cryptocentrus filifer*）、日本鲭、中华栉孔虾虎鱼（*Ctenotrypauchen chinensis*）、黄盖鲽（*Pseudopleuronectes yokohamae*）、矛尾复虾虎鱼和长绵鳚（*Enchelyopus elongatus*），贡献次数为1～26次。

2012—2016年渤海鱼类群落组间差异性贡献80%的累积贡献率，且在所有组间出现率超过50%的鱼类中，2012年有细纹狮子鱼、鳀、矛尾虾虎鱼、小黄鱼、黄鲫和许氏平鲉；2013年有鳀、矛尾复虾虎鱼和青鳞沙丁鱼；2014年有绿鳍马面鲀、六丝矛尾虾虎鱼、大银鱼、斑鰶、黄鲫、蓝点马鲛、鳀、小带鱼和赤鼻棱鳀；2015年只有矛尾复虾虎鱼；2016年有黄鮟鱇、矛尾虾虎鱼、六丝矛尾虾虎鱼、蓝点马鲛、许氏平鲉、黄鲫、小带鱼、细条天竺鲷、斑鰶、绯䲗、青鳞沙丁鱼、鳀、牙鲆和方氏云鳚。上述种类没有5个年度全共有的种，4个年度共有的种有鳀；3个年度共有的种有黄鲫。

2012—2016年渤海鱼类群落组间差异性贡献率大于10%，且在所有组间出现率超过50%的鱼类中，2012年有小黄鱼和黄鲫；2013年有鳀、黄鮟鱇和青鳞沙丁鱼；2015年有矛尾虾虎鱼、黄鲫和六丝矛尾虾虎鱼。2014年没有在所有组间出现率超过50%的鱼类，出现次数最高的为鳀和绿鳍马面鲀，出现率均为46.67%；2016年也没有在所有组间出现率超过50%的鱼类，出现次数最高的为鳀和大菱鲆，出现率均为46.67%。上述种类没有4个年度以上全共有的种，3个年度共有的种仅有鳀，2个年度共有的种仅有黄鲫。

五、群落结构相似性

2012年渤海调查站位分组后，组内相似性指数为44.41%～73.14%，平均为55.52%。相似性贡献率超过10%的鱼种，贡献次数从高到低依次为黄鲫、矛尾虾虎鱼、鳀、小黄鱼、蓝点马鲛、小带鱼和许氏平鲉（共7种），贡献次数为1～3次；贡献组内相似性80%累积贡献率的鱼种，贡献次数从高到低依次为矛尾虾虎鱼、鳀、小黄鱼、黄鲫、赤鼻棱鳀、蓝点马鲛、青鳞沙丁鱼、细纹狮子鱼、小带鱼、许氏平鲉（共10种），贡献次数为1～3次。

2013年渤海调查站位分组后，组内相似性指数为35.49%～54.56%，平均为48.22%。组内相似性贡献率超过10%的鱼种，贡献次数从高到低依次为矛尾复虾虎鱼、鳀、黄鮟鱇、斑鰶、长吻红舌鳎、赤鼻棱鳀、黄鲫、蓝点马鲛、青鳞沙丁鱼、日本鲭和小带鱼（共11种），贡献次数为1～2次；贡献组内相似性80%累积贡献率的鱼种，贡献次数从高到低依次为矛尾复虾虎鱼、鳀、黄鮟鱇、斑鰶、长吻红舌鳎、赤鼻棱鳀、黄鲫、蓝点马鲛、青鳞沙丁鱼、日本鲭、小带鱼（共11种），贡献次数为1～2次。

2014年渤海调查站位分组后，组内相似性指数为38.65%～53.03%，平均为48.50%。组内相似性贡献率超过10%的鱼种，贡献次数从高到低依次为蓝点马鲛、六丝矛尾虾虎鱼、鳀、小带鱼、赤鼻棱鳀、黄鲫、长吻红舌鳎、绿鳍马面鲀和青鳞沙丁鱼（共9种），贡献次数为1～2次；贡献组内相似性80%累积贡献率的鱼种，贡献次数从高到低依次为蓝点马鲛、六丝矛尾虾虎鱼、小带鱼、赤鼻棱鳀、黄鲫、长吻红舌鳎、绿鳍马面鲀、青鳞沙丁鱼和鳀（共9种），贡献次数为1～2次。

2015年渤海调查分组后，组内相似性指数为35.23%～80.47%，平均为58.29%。组内相似性贡献率超过10%的鱼种，贡献次数从高到低依次为矛尾复虾虎鱼、黄鲫、斑鰶、赤鼻棱鳀、褐菖鲉、蓝点马鲛、日本鲭、鳀和银鲳（共9种），贡献次数为1～3次；贡献组内相似性80%累积贡献率的鱼种，贡献次数从高到低依次为矛尾复虾虎鱼、黄鲫、斑鰶、赤鼻棱鳀、褐菖鲉、蓝点马鲛、日本鲭、鳀、许氏平鲉和银鲳（共10种），贡献次数为1～3次。

2016年渤海调查分组后，组内相似性指数范围为47.61%～58.89%，平均为

52.56%。组内相似性贡献率超过10%的鱼种，贡献次数从高到低依次为黄鮟鱇、矛尾虾虎鱼、绯䲗、六丝矛尾虾虎鱼、鳀、许氏平鲉、白姑鱼、长吻红舌鳎、赤鼻棱鳀、大泷六线鱼、方氏云鳚、黄鲫、青鳞沙丁鱼、小带鱼和鲬（共15种），贡献次数为1～3次；组内相似性贡献80%累积贡献率的鱼种，贡献次数从高到低依次为矛尾虾虎鱼、绯䲗、黄鮟鱇、黄鲫、六丝矛尾虾虎鱼、鳀、小带鱼、许氏平鲉、白姑鱼、斑鰶、长蛇鲻、长吻红舌鳎、赤鼻棱鳀、大泷六线鱼、方氏云鳚、青鳞沙丁鱼、丝虾虎鱼、细条天竺鲷、小黄鱼、鲬和中华栉孔虾虎鱼（共21种），贡献次数为1～5次。

2012—2016年渤海鱼类群落组内相似性贡献80%的累积贡献率，且在所有组内出现率超过50%的鱼类，2012年有矛尾虾虎鱼、鳀和小黄鱼；2014年有蓝点马鲛、六丝矛尾虾虎鱼和小带鱼；2016年有矛尾虾虎鱼、绯䲗和黄鮟鱇。2013年没有在所有组内出现率超过50%的鱼类，出现次数最高的为鳀和矛尾复虾虎鱼，出现率均为28.57%；2015年也没有在所有组内出现率超过50%的鱼类，出现次数最高的为矛尾复虾虎鱼，出现率均为42.86%。上述种类没有3个年度以上全共有的种，2个年度共有的种有鳀、矛尾虾虎鱼和矛尾复虾虎鱼。

2012—2016年渤海鱼类群落组内相似性贡献率大于10%，且在所有组间出现率超过50%的鱼类，2012年有鳀、黄鲫、矛尾虾虎鱼和小黄鱼；2014年有鳀、蓝点马鲛、六丝矛尾虾虎鱼和小带鱼；2016年有矛尾虾虎鱼和黄鮟鱇。2013年没有在所有组间出现率超过50%的鱼类，出现次数最高的为鳀和矛尾复虾虎鱼，出现率均为28.57%；2015年也没有在所有组内出现率超过50%的鱼类，出现次数最高的为矛尾复虾虎鱼，出现率均为42.86%。上述种类没有4个年度以上全共有的种，3个年度共有的种有鳀，2个年度共有的种有矛尾虾虎鱼和矛尾复虾虎鱼。

六、鱼类群落结构的变化

（一）群落结构特征种

2012—2016年各年度渤海鱼类不同组群种类组成差异都极显著（P 都为0.001），年度群落组间差异种有所不同，种类及数量变化较大。群落组内相似性贡献80%的累积贡献率，且在所有组间出现率超过50%的鱼种中，2012年有6种，2013年有3种，2014年有9种，2015年只有1种，2016年有14种。没有5个年度全共有的种，4个年度共有的种有鳀，3个年度共有的种有黄鲫。从群落组间差异性各鱼种累积贡献率和出现频率可以看出，鳀是渤海鱼类群落差异性的首要特征种，其次为黄鲫。

年度群落组内相似种也有所不同，种类及数量变化没有组间差异种变化大。组内相似性贡献80%累积贡献率，且在所有组内出现率超过50%的鱼种中，2012年有3种，2013年没有，2014年有3种，2015年没有，2016年有3种，3个年度以上共有的种无，2个年度共有的种有鳀、矛尾虾虎鱼和矛尾复虾虎鱼。从鱼类群落组内相似性各鱼种累积贡献率和出现频率可以看出，鳀是渤海鱼类群落相似性的首要特征种，其次为矛尾虾虎鱼和矛尾复虾虎鱼。

邓景耀等在20世纪80年代对渤海饵料生物进行了分析，发现浮游动物、鼓虾、短尾类、虾虎鱼和鳀为主要饵料生物。环境污染和过度捕捞导致渤海渔业资源衰退，特别是高级肉食性鱼类资源量大幅减少，包括以虾虎鱼为食的鳐类和以鳀为食的蓝点马鲛。为了种群的延续，海洋鱼类的生态对策纷纷经历了由 K 选择到 r 选择方向的演变，加强生殖能力以补充种群资源，其中体型小、生命周期短、繁殖力强、食性简单的鳀与虾虎鱼在演变中具有先导优势，成为渤海的主要鱼种。

（二）群落结构关键种

从 2012—2016 年渤海鱼类群落结构相似性与差异性中各鱼种累积贡献率和单贡献率的大小以及出现频率判断，鳀是渤海鱼类群落结构的首要关键种，其次为黄鲫，然后是矛尾虾虎鱼和矛尾复虾虎鱼。

鳀与黄鲫是中上层鱼类，矛尾虾虎鱼和矛尾复虾虎鱼是底层鱼类，它们是目前渤海鱼类结构的主要组成。2012—2016 年，鳀与黄鲫资源量分别占中上层鱼类资源量的 37.54%、82.12%、81.54%、89.86%和 73.29%；矛尾虾虎鱼和矛尾复虾虎鱼资源量分别占底层鱼类资源量的 8.21%、30.50%、2.26%、54.62%和 48.49%。计算 2012—2016 年各种鱼类的优势度（IRI），发现鳀优势度在各年度始终位居第一；优势度第二的鱼类有黄鲫、矛尾复虾虎鱼和斑鰶，年度出现次数分别为 3 次、1 次和 1 次；优势度第三的鱼类有六丝矛尾虾虎鱼、矛尾虾虎鱼、矛尾复虾虎鱼和黄鲫，年度出现次数分别为 2 次、1 次、1 次和 1 次。

2012—2016 年渤海鱼类鳀年际平均资源量与底层鱼类平均资源量间存在一定的相关性，但没有显著相关性（r=0.86，小于 α=0.05 时所对应的 r 值 0.88），但与中上层鱼类平均资源量间存在显著的正相关性（r=0.94，大于 α=0.05 时所对应的 r 值 0.88）。回归分析发现，两者间有显著回归关系（r=0.02，小于 α=0.05 的显著水准）。

进一步分析发现，2012—2016 年渤海鱼类鳀与黄鲫的年际平均资源量之和与底层鱼类平均资源量间存在显著相关性（r=0.94，大于 α=0.05 时所对应的 r 值 0.88）。回归分析发现，两者间有显著回归关系（r=0.02，小于 α=0.05 的显著水准），与中上层鱼类平均资源量间存在极显著正相关性（r=0.996，大于 α=0.01 时所对应的 r 值 0.96）。回归分析发现，两者间有极显著的回归关系（r=0.0003，小于 α=0.01 的显著水准）。但矛尾虾虎鱼和矛尾复虾虎鱼的年际平均资源量或者两者的和与中上层鱼类或底层鱼类平均资源量间均不存在显著相关性和回归关系。鳀单种鱼类的年际平均资源量与底层鱼类平均资源量间存在一定的相关性，但没有显著相关性，而鳀与黄鲫的年际平均资源量之和与底层鱼类平均资源量间存在显著相关性。推测中上层鱼类主要种鳀与黄鲫的资源量，特别是鳀的资源量，对底层鱼类资源量存在较大影响，进而可能影响整个鱼类群落结构。

2012—2016 年渤海鳀与黄鲫平均资源量占中上层鱼类平均资源量的比例，矛尾虾虎鱼和矛尾复虾虎鱼平均资源量占底层鱼类平均资源量的比例，鳀、黄鲫、矛尾复虾虎鱼和矛尾虾虎鱼各年度的优势度指数，鳀或鳀与黄鲫两者的年际平均资源量与中上层鱼类或底层鱼类平均资源量间的相关性和回归关系，所有上述这些研究的结果证实，鳀是渤海鱼类群落结构的首要关键种，其次为黄鲫。

葛宝明等（2004）综述了生态学关键种的研究方法，并对各种方法进行了优劣比较，目前主要有控制模拟实验法、等同优势种法、竞争优势阻碍法、物种相互作用相对重要性法、群落重要性指数法、关键性指数法和功能重要性指数法等 7 种方法。前两种可操作性强，结果可测，但第一种方法对复杂的群落和生态系统而言，效果不是很理想，第二种方法中优势种的定义与关键种有很大的区别；后5种方法影响因素多，计算复杂且条件理想化。

目前国内对鱼类关键种的研究相对较少，孙龙启等（2016）采用 Libralato（2006）提出的关键度指数计算出北部湾鱼类群落的关键种为二长棘鲷（*Paerargyrops edita*），该方法与葛宝明等（2004）提及的 Jordan（1999）关键性指数法类似，主要是基于食物网中关键种营养上下行影响效应的研究。二长棘鲷与鳀一样是物质和能量传递种，捕食浮游动物等低营养级生物，同时也是众多高营养级生物的饵料。杨涛等（2016）以摄食关系为基础构建了2011年5月莱州湾鱼类群落种间关系网，运用网络分析法计算了关系网的13种指数，在此基础上计算出细纹狮子鱼是关键捕食者，六丝矛尾虾虎鱼是关键被捕食者。除了研究方法的差别，其研究时间与本研究不一致，因鳀通常在5月下旬至6月上旬到达渤海（叶懋中和章隼，1965），所以两种方法得出的结果无法比较。本研究结果所得出的鳀为渤海鱼类群落结构关键种的结论，与苏纪兰和唐启升（2002）的研究结果一致。

本研究基于资源量年际调查数据，通过分析鱼类群落结构组间差异性和组内相似性各鱼种贡献率的大小及出现频率，遴选渤海鱼类群落结构的关键种，具有一定的参考价值。不管何种研究方法得出的关键种，只有摸清关键种对鱼类群落结构的调控机制，才能更好地确定其生态作用。

第五节　渤海食物网结构功能群

鳀为渤海鱼类群落结构的关键种，在食物网能量传递中主要起承上启下的作用。根据渤海渔业资源调查数据，筛选了渤海海域重要渔业种类，由此构建了以鳀为核心的渤海简化食物网。渤海食物网相对简单，中上层鱼类主要为鳀、黄鲫和蓝点马鲛；底层鱼类有细纹狮子鱼、小黄鱼和虾虎鱼；无脊椎生物主要为口虾蛄、三疣梭子蟹和头足类。根据渤海简化食物网的种类组成，利用 Ecopath 模型筛选了鳀、黄鲫、蓝点马鲛、其他中上层鱼类、花鲈、其他底层鱼类、虾虎鱼类、其他底栖鱼类、中国对虾、口虾蛄、三疣梭子蟹和头足类等12个游泳生物功能组。其中，其他中上层鱼类主要包括鳀科鱼类、鲱科鱼类和银鲳；其他底层鱼类包括带鱼、大泷六线鱼、鲬、绿鳍马面鲀等鲀科鱼类、白姑鱼与小黄鱼等石首鱼科鱼类、鲷科鱼类及绵鳚科鱼类；虾虎鱼类包括矛尾虾虎鱼、六丝钝尾虾虎鱼、矛尾复虾虎鱼、中华栉孔虾虎鱼和红狼牙虾虎鱼等；其他底栖鱼类包括许氏平鲉、细纹狮子鱼、黄鮟鱇、鲆科鱼类、鲽科鱼类和舌鳎科鱼类等。

一、功能群资源量季节变动

（一）鳀

鳀作为一种中上层小型鱼类，其资源量在渤海呈明显的季节分布，即冬季低、夏季高（图4-5-1）。1月为鳀的越冬期，渤海鳀主要在黄海越冬，所以2015年1月渤海捕捞不到鳀；4月下旬，鳀相继进入渤海各湾的近岸产卵场产卵。

2015年5月，渤海有少量的鳀捕获，仅有4个站位捕捞到鳀，主要分布于莱州湾的东部和西南部，平均网获量为4.00g/h，站位最高网获量仅为16.00g/h；7—8月，鳀基本结束产卵，通常在渤海中部和各湾进行索饵，故此时鳀的资源量最高。2015 年 8 月（夏季）调查，在 30 个站位捕捞到鳀，主要分布于渤海中部和辽东湾湾口，渤海湾和莱州湾湾口有少量分布，平均网获量为 53.70kg/h，站位最高网获量为 200.00kg/h，最低仅为 2.00g/h；9—10 月，渤海鳀主要分布于渤海中部各湾口，部分鳀开始往黄海洄游，所以 10 月（秋季）鳀的资源量较 8 月（夏季）大幅减少。2014 年 10 月调查，也在 30 个站位捕捞到鳀，主要分布于莱州湾湾口，渤海中部及辽东湾和渤海湾湾口也有零星分布，平均网获量为 5.63kg/h，站位最高网获量为 30.00kg/h，最低仅为 1.00g/h（图 4-5-2）。

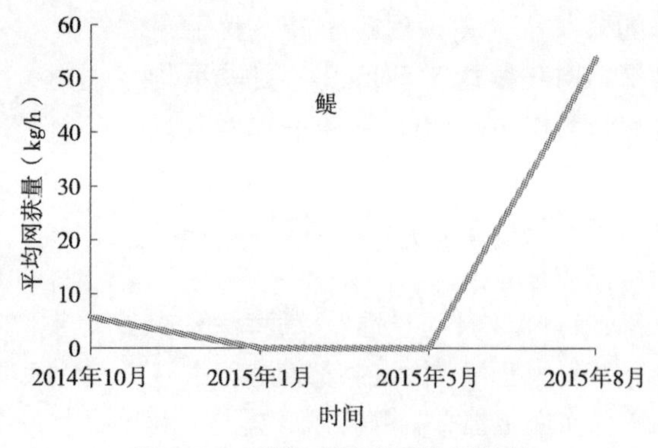

图 4-5-1　渤海鳀季度平均网获量

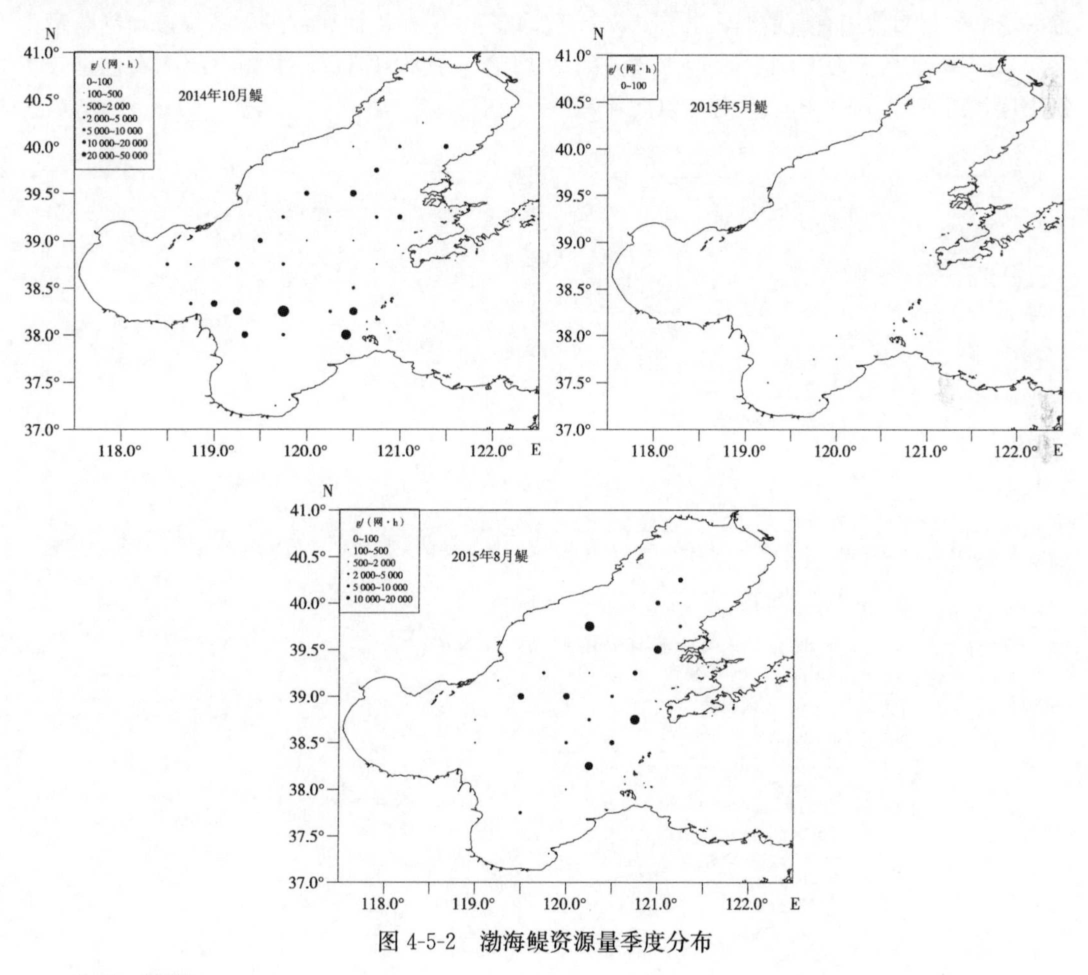

图 4-5-2　渤海鳀资源量季度分布

（二）黄鲫

通常渤海黄鲫常年可捕获，春、秋两季为旺汛。但 2014 年 10 月至 2015 年 8 月，渤海的捕获量为夏、秋两季高，秋季最高平均网获量达 2.54kg/h，夏季平均网获量为 1.70kg/h，春季平均网获量仅为 0.18kg/h，冬季已捕捞不到黄鲫，说明渤海黄鲫的资源量已大幅减少（图 4-5-3）。

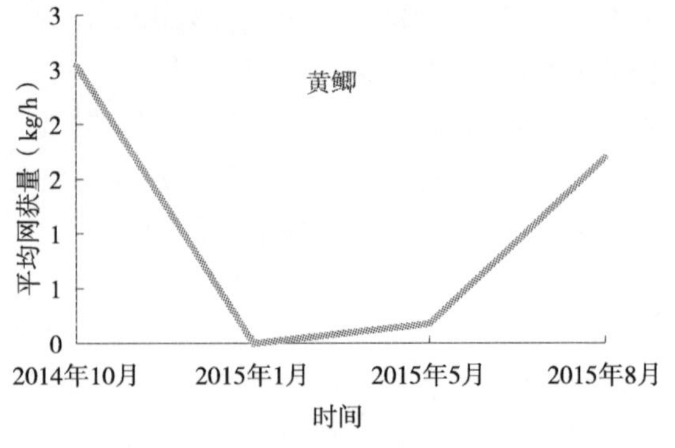

图 4-5-3　渤海黄鲫季度平均网获量

2015 年 5 月（春季），渤海湾东南角、莱州湾西部、渤海中部西南面、辽东湾的东南角都有黄鲫的零星分布，共在 24 个站位捕获黄鲫，站位最高网获量为 290.00g/h，最低仅为 8.00g/h；2015 年 8 月（夏季），渤海黄鲫的分布站位大幅减少，仅在 12 个站位捕获黄鲫，站位最高网获量为 7.00kg/h，最低仅为 36.00g/h，但分布相对集中，主要分布于渤海湾湾口和莱州湾西南部，在辽东湾有少量分布；2014 年 10 月（秋季），渤海黄鲫的分布范围有所增加，分布相对扩散，在 40 个站位捕获黄鲫，站位最高网获量为 10.80kg/h，最低仅为 1.00g/h，主要集中于渤海湾与莱州湾湾口，渤海中部南面也是分布集中区，辽东湾东南部有零星分布（图 4-5-4）。

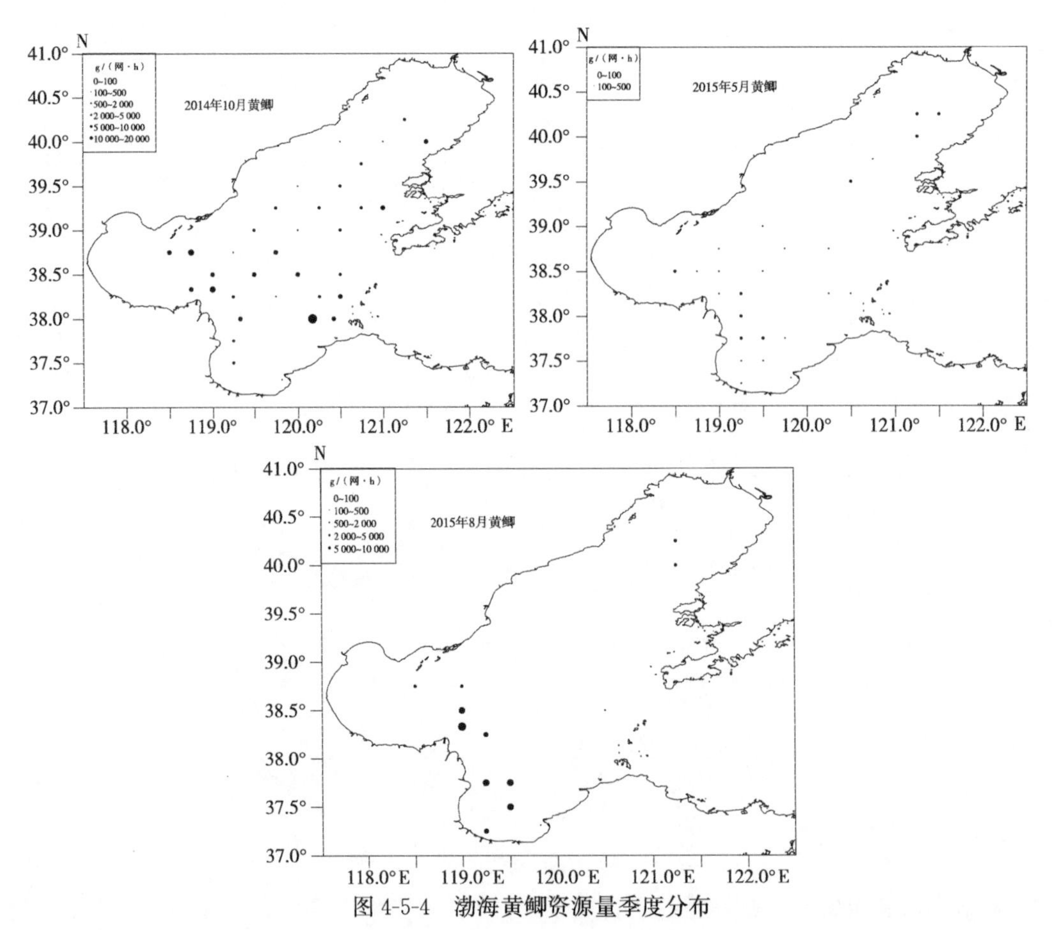

图 4-5-4　渤海黄鲫资源量季度分布

（三）蓝点马鲛

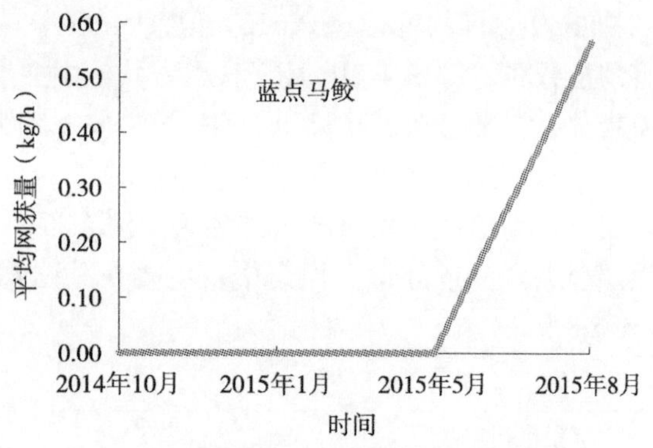

图 4-5-5　渤海蓝点马鲛季度平均网获量

蓝点马鲛为典型的长距离洄游种类，每年 5 月下旬前后洄游至渤海产卵，8 月下旬蓝点马鲛的幼鱼开始洄游出渤海，通常 10 月上旬游至烟威渔场（图 4-5-5）。所以 2014 年 10 月至 2015 年 8 月只在 8 月（夏季）于 10 个站位捕获蓝点马鲛，站位最高网获量为 7.20kg/h，最低仅为 36.00g/h，平均网获量为 0.56kg/h，2015 年 8 月蓝点马鲛主要分布于莱州湾东部和渤海中部的西北海域（图 4-5-6）。

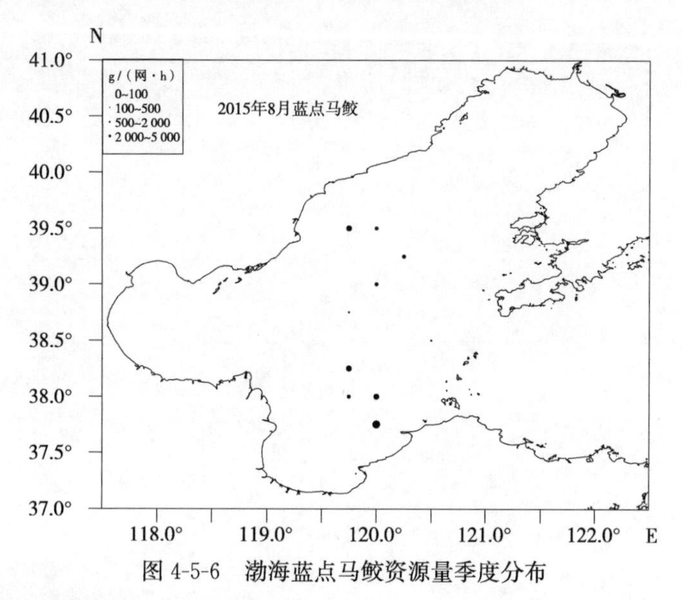

图 4-5-6　渤海蓝点马鲛资源量季度分布

（四）其他中上层鱼类

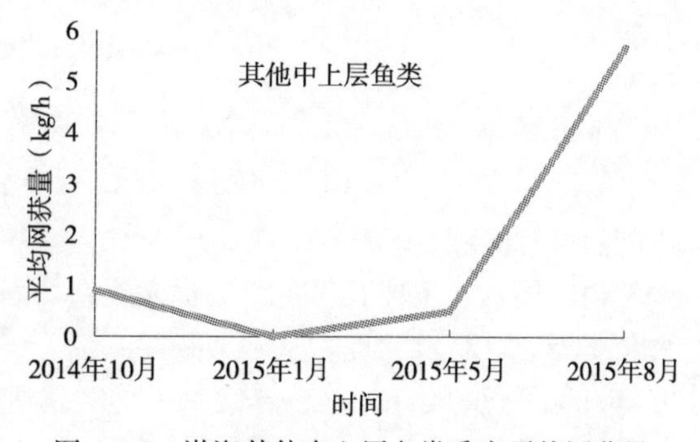

图 4-5-7　渤海其他中上层鱼类季度平均网获量

其他中上层鱼类主要包括银鲳、赤鼻棱鳀、中颌棱鳀、日本鲭和竹筴鱼等，资源量季度变动较大（图 4-5-7）。

2015 年 1 月（冬季）分布站位最少，仅在 4 个站位捕获其他中上层鱼类，资源量在 4 个季节中最低，站位网获量都低于 5g/h，平均网获量只有 0.001kg/h。2015 年 8 月（夏季）在 23 个站位捕获其他中上层鱼类，站位最高网获量为 28.8kg/h，最低仅为 18g/h，平均网获量为 5.69kg/h。其次分别为 2014 年 10 月（秋季）和 2015 年 5 月（春季），分别在 32 个站位和 18 个站位捕捞到其他中上层鱼类，站位最高网获量分别为 4.58kg/h 和 1.87kg/h，最低分别为 5.50g/h 和 4.50g/h，平均网获量分别为 0.90kg/h 和 0.49kg/h。2015 年 1 月（冬季）其他中上层鱼类只在辽东湾和渤海湾湾口有零星分布；2014 年 10 月（秋季）其他中上层鱼类主要分布于莱州湾，渤海湾湾口和渤海中部有零散分布。2015 年 1 月（冬季）其他中上层鱼类资源量与分布站位都极少，只在辽东湾和渤海湾湾口有零星分布；2015 年 5 月（春季）其他中上层鱼类资源量分布相对集中，高值区为莱州湾西部，莱州湾东部也有零散分布；2015 年 8 月（夏季）其他中上层鱼类资源量分布更加集中，主要在莱州湾中部、渤海湾湾口和渤海中部东南海域（图 4-5-8）。

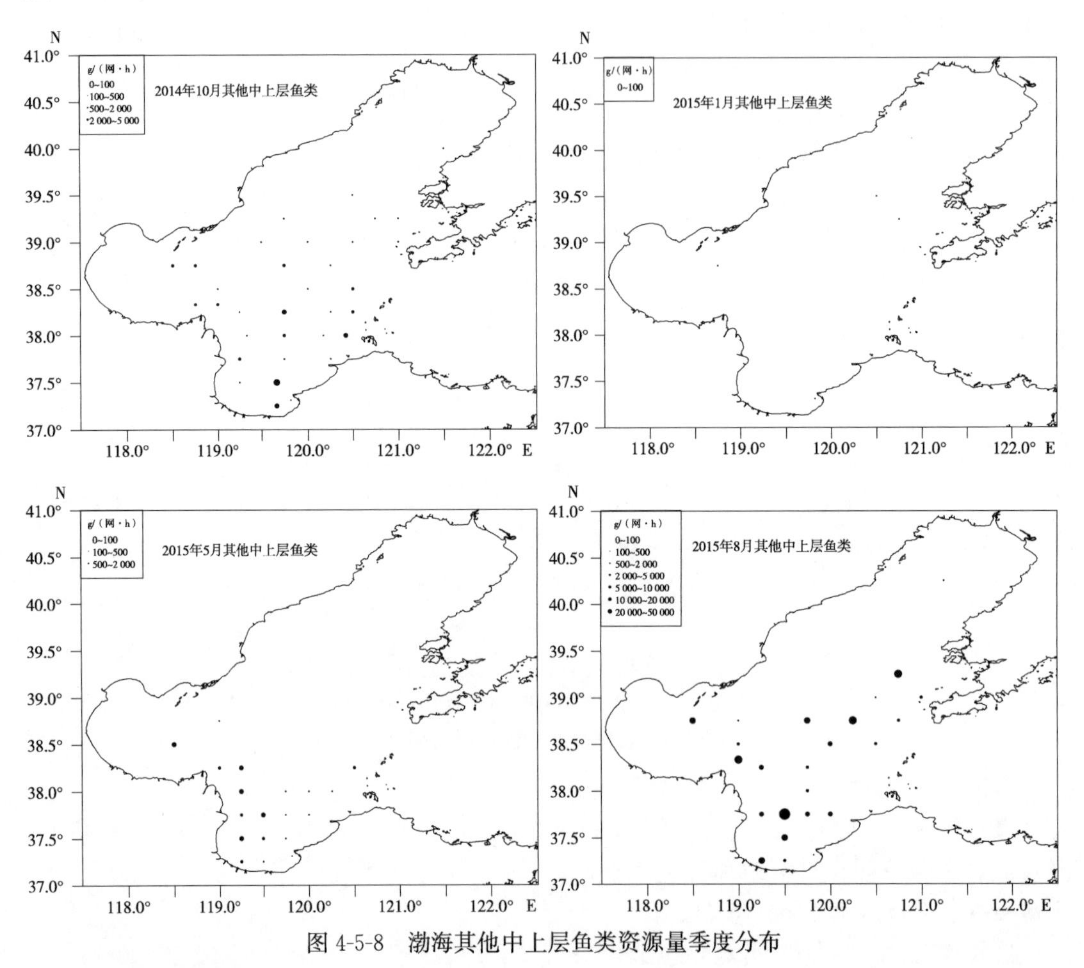

图 4-5-8 渤海其他中上层鱼类资源量季度分布

（五）其他底层鱼类

其他底层鱼类主要有带鱼、大泷六线鱼、石首科鱼类、鲬、鲀科鱼类、鲷科鱼类和绵鳚科鱼类等，其资源量是夏、秋两季高，冬、春两季低，夏、秋两季平均网获量分别为 1.67kg/h 和 0.68kg/h，冬、春两季平均网获量分别为 0.06kg/h 和 0.11kg/h，整个年度资源量都不是很高（图 4-5-9）。

2014 年 10 月（秋季）共在 42 个站位捕捞到其他底层鱼类，站位网获量最高为 5.70kg/h，最低为 10.00g/h，资源量分布集中于莱州湾和渤海中部，但站位资源量普遍不高，在渤海海湾口和辽东湾有零星分布；2015 年 1 月（冬季）共在 12 个站位捕捞到其他底层鱼类，站位网获量最高为0.34kg/h，最低为2.40g/h，在莱州湾、渤海湾和渤海中部都有零星分布，各站位资源量都较低；2015年5月（春季）共在25个站位捕捞到其他底层鱼类，站位网获量最高为1.68kg/h，最低为1.56g/h，相比冬季，春季其他底层鱼类的分布站位相对集中，主要分布于莱州湾和辽东湾，但各站位资源量都不高，另在渤海中部有零星分布；2015年8月（夏季）共在39个站位捕捞到其他底层鱼类，站位网获量最高为16.33kg/h，最低为2.00g/h，相比其他三个季节，夏季其他底层鱼类的分布相对集中，主要分布于莱州湾的中北部和渤海中部，资源量在渤海中部东南海域相对较高，其他海域相对较低，在辽东湾有零星分布（图4-5-10）。

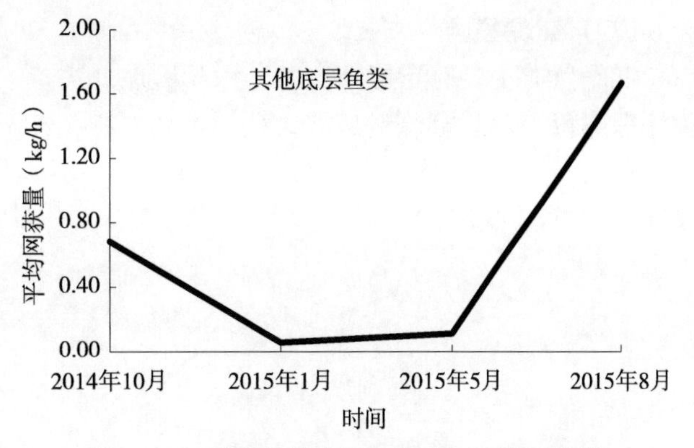

图4-5-9　渤海其他底层鱼类季度平均网获量

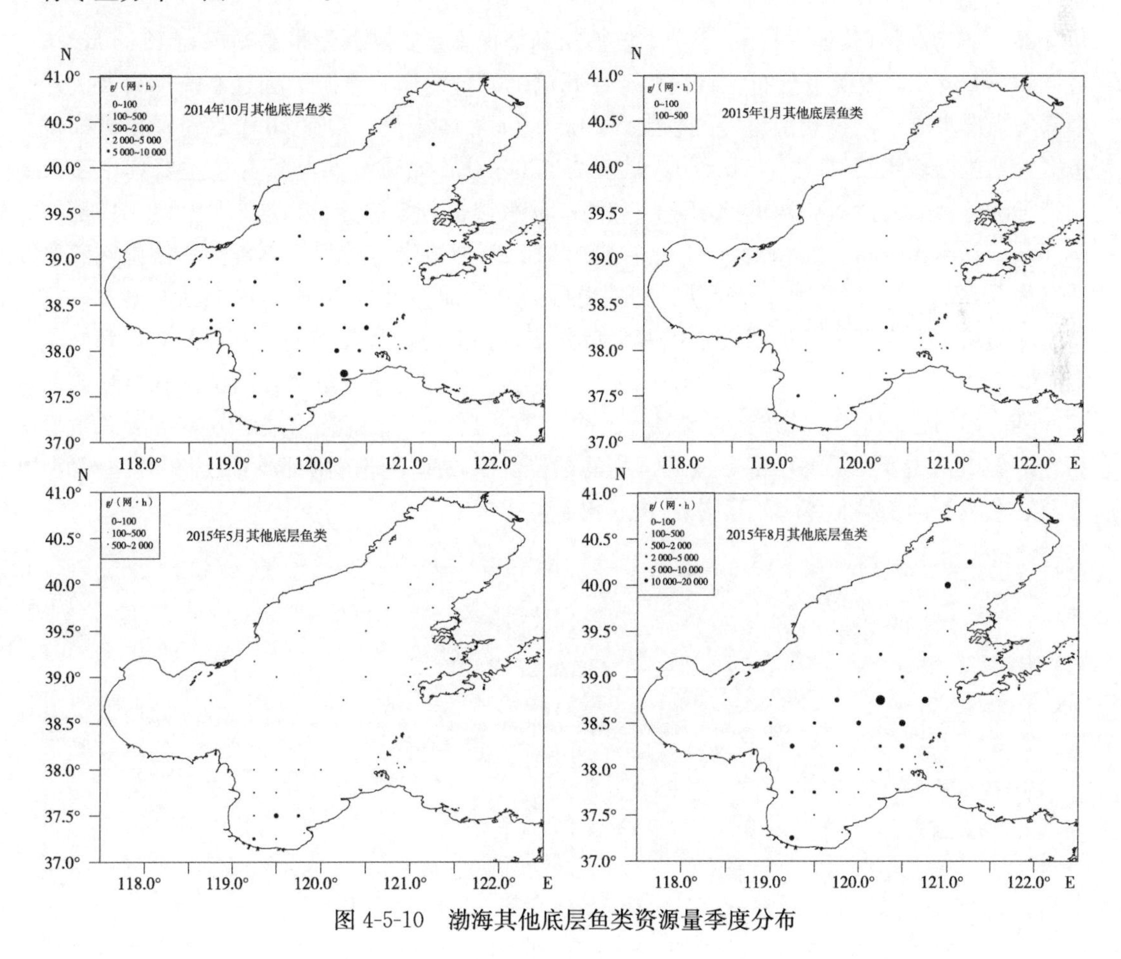

图4-5-10　渤海其他底层鱼类资源量季度分布

(六)虾虎鱼类

虾虎鱼类主要有矛尾虾虎鱼、六丝钝尾虾虎鱼、矛尾复虾虎鱼、中华栉孔虾虎鱼和红狼牙虾虎鱼等，其资源量是夏、秋两季高，冬、春两季低，特别是春季，夏、秋两季平均网获量分别为 4.91kg/h 和 1.72kg/h，冬、春两季平均网获量分别为 0.88kg/h 和 0.06kg/h（图 4-5-11）。

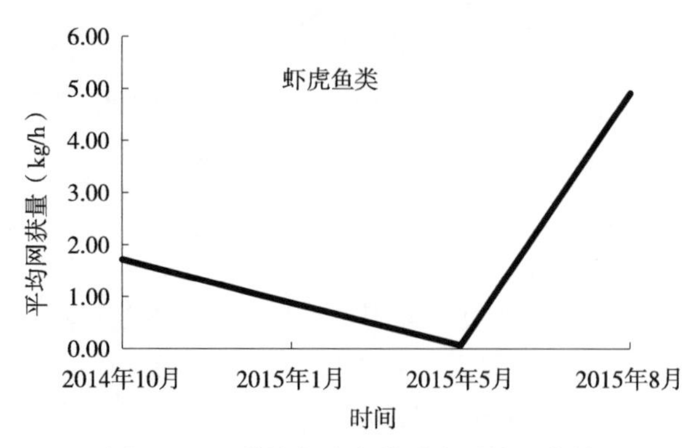

图 4-5-11　渤海虾虎鱼类季度平均网获量

2014 年 10 月（秋季）共在 35 个站位捕捞到虾虎鱼类，网获量最高站位为 13.50kg/h，最低为 5.00g/h，资源量分布主要集中于莱州湾的西部沿岸、渤海湾和辽东湾湾口及渤海中部的南部水域，站位资源量差别较大；2015 年 1 月（冬季）共在 36 个站位捕捞到虾虎鱼类，站位网获量最高为 5.73kg/h，最低为 5.60g/h，站位分布与资源量主要集中于莱州湾和渤海湾，在渤海中部的北部水域和西南部水域也有零星分布，辽东湾和渤海中部东南部水域基本无分布；2015 年 5 月（春季）共在 31 个站位捕捞到虾虎鱼类，站位网获量最高为 0.57kg/h，最低为 4.00g/h，相比冬季，春季虾虎鱼类的分布站位更加集中，密布于莱州湾，在渤海中部的西部水域有少量分布，在渤海湾和辽东湾有零星分布，各站位资源量都不高；2015 年 8 月（夏季）共在 36 个站位捕捞到虾虎鱼类，站位网获量最高为 55.00kg/h，最低为 4.00g/h，相比其他三个季节，夏季虾虎鱼类的站位分布与资源量分布相对集中，主要在渤海中部，资源量高的站位位于渤海中部的南部海域，莱州湾、渤海湾及辽东湾三湾的湾口水域有零星分布（图 4-5-12）。

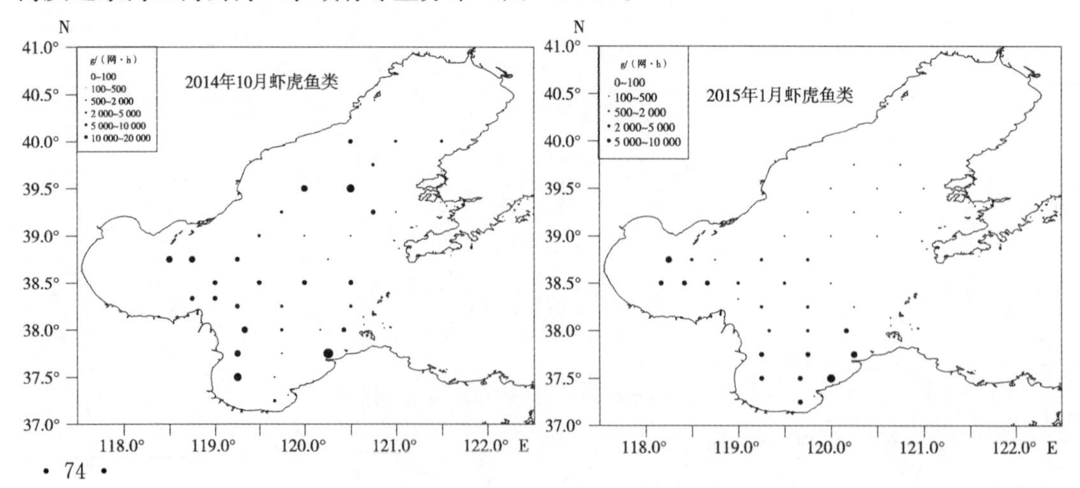

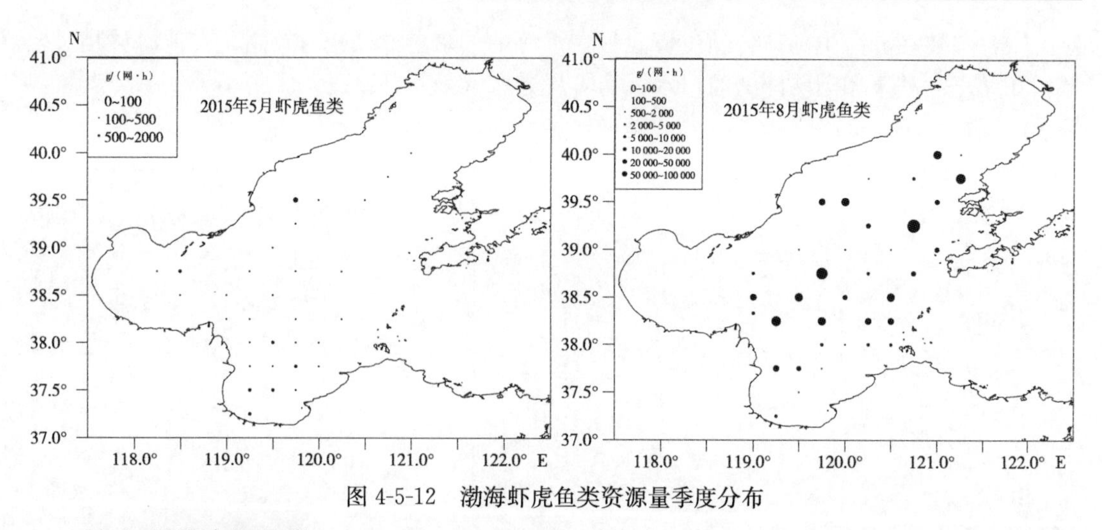

图 4-5-12 渤海虾虎鱼类资源量季度分布

（七）其他底栖鱼类

其他底栖鱼类主要有许氏平鲉、细纹狮子鱼、黄鮟鱇、鲆科鱼类、鲽科鱼类和舌鳎科鱼类等，其资源量秋季至春季逐渐减低，夏季陡增，秋、冬、春三季平均网获量分别为0.52kg/h、0.39kg/h和0.26kg/h，夏季平均网获量为1.26kg/h，整个年度资源量都不是很高（图4-5-13）。

图 4-5-13 渤海其他底栖鱼类季度平均网获量

2014年10月（秋季）共在34个站位捕捞到其他底栖鱼类，站位网获量最高为5.47kg/h，最低为8g/h，高资源量站位主要集中于辽东湾和渤海中部的东部水域，渤海湾与渤海中部相邻水域是分布集中区，但资源量不高，另外在渤海中部西北水域和莱州湾的西部沿岸有零星分布；2015年1月（冬季）共在27个站位捕捞到其他底栖鱼类，站位网获量最高为4.50kg/h，最低为2.32g/h，密布于莱州湾和渤海湾，在渤海中部的东部水域有少量分布，辽东湾基本没有分布；2015年5月（春季）共在34个站位捕捞到其他底栖鱼类，站位网获量最高为4.77kg/h，最低为0.60g/h，春季其他底栖鱼类的分布相对集中，主要在莱州湾和渤海中部的西部水域，各站位资源量都不高，另外在辽东湾和渤海湾有零星分布；2015年8月（夏季）共在26个站位捕捞到其他底栖鱼类，站位网获量最高为22.88kg/h，最低为18.00g/h，相比其他三个季节，夏季其他底栖鱼类的分布相对集中，主要在渤海中部，各站位资源量在渤海中部东南海域相对较高，其他海域相对较低，在辽东湾和莱州湾两湾的湾口水域有零星分布（图 4-5-14）。

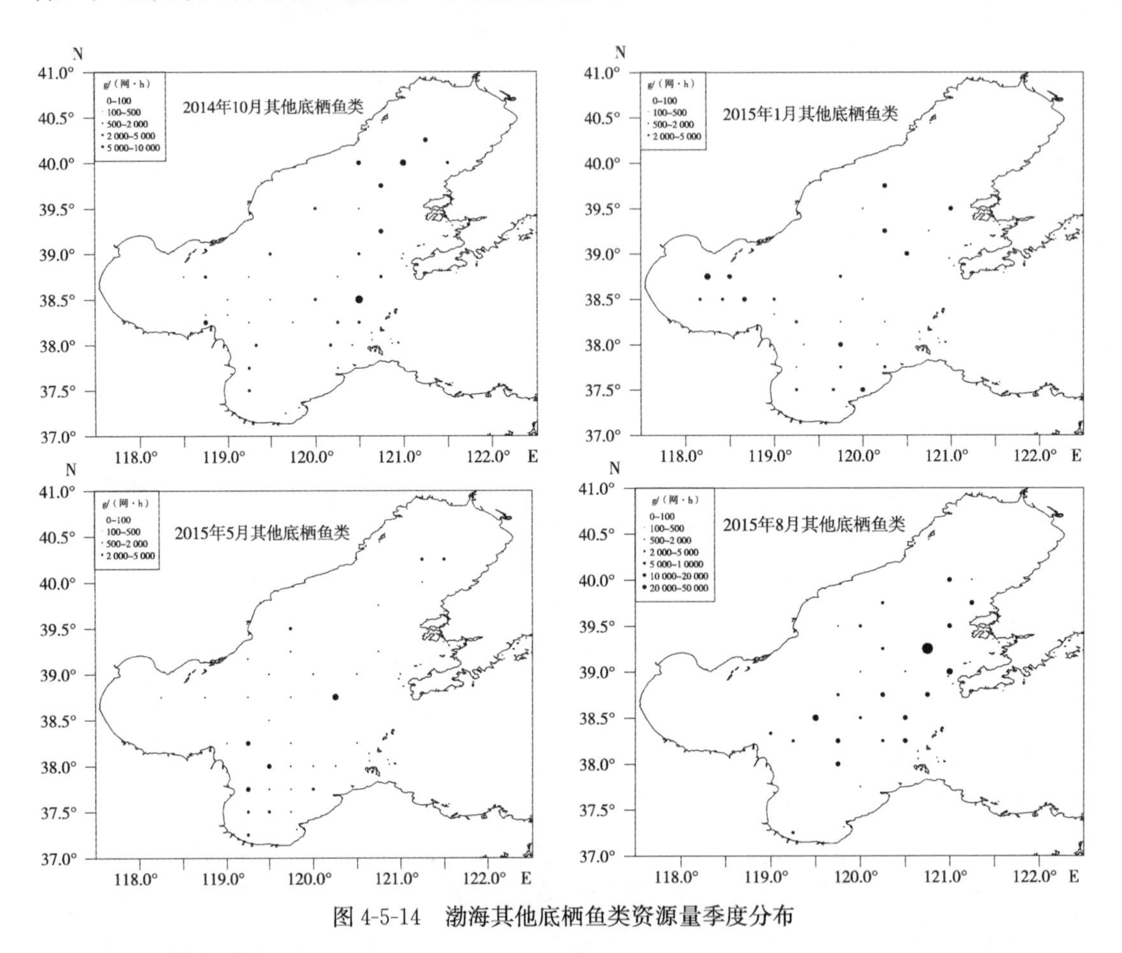

图 4-5-14　渤海其他底栖鱼类资源量季度分布

（八）中国对虾

中国对虾是一种暖水性、长距离洄游的大型虾类，通常每年 4 月下旬从黄海游至渤海各河口附近的产卵场产卵，11 月中下旬游出渤海，开始越冬洄游。因中国对虾经济价值较高，市场需求大，捕捞强度大，渤海的中国对虾基本为放流虾，通常在冬、春两季基本捕获不到中国对虾。渤海每年 5 月中下旬开始放流中国对虾，8 月可长成商品虾，此时渤海中国对虾资源量相对较大。2015 年 8 月渤海中国对虾的调查平均网获量为 0.53kg/h，9 月开捕后，生产捕捞强度较大，2015 年 10 月渤海中国对虾的调查平均网获量为 0.04kg/h（图 4-5-15）。

2014 年 10 月（秋季）共在 13 个站位捕捞到中国对虾，站位网获量最高为 234.67g/h，最低为 21.00g/h，集中在莱州湾和渤海湾两湾的湾口水域及渤海中部的东北水域；2015 年 8 月（秋季）共在 20 个站位捕捞到中国对虾，站位网获量最高为 909.0g/h，最低为 3.0g/h，集中在渤海中部的东部水域，在莱州湾湾底及渤海中部与辽东湾的交界水域有少量分布（图 4-5-16）。

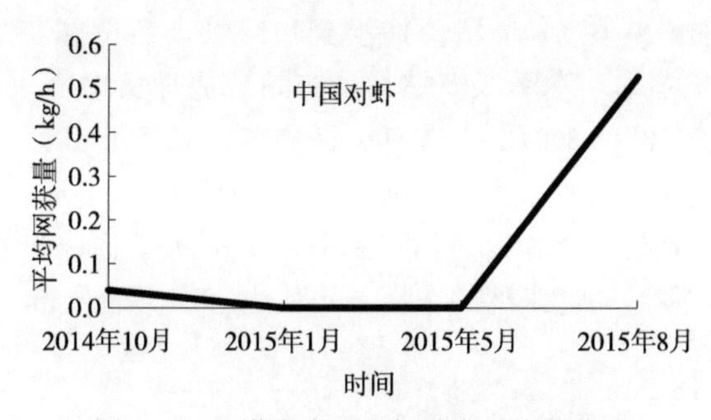

图 4-5-15　渤海中国对虾季度平均网获量

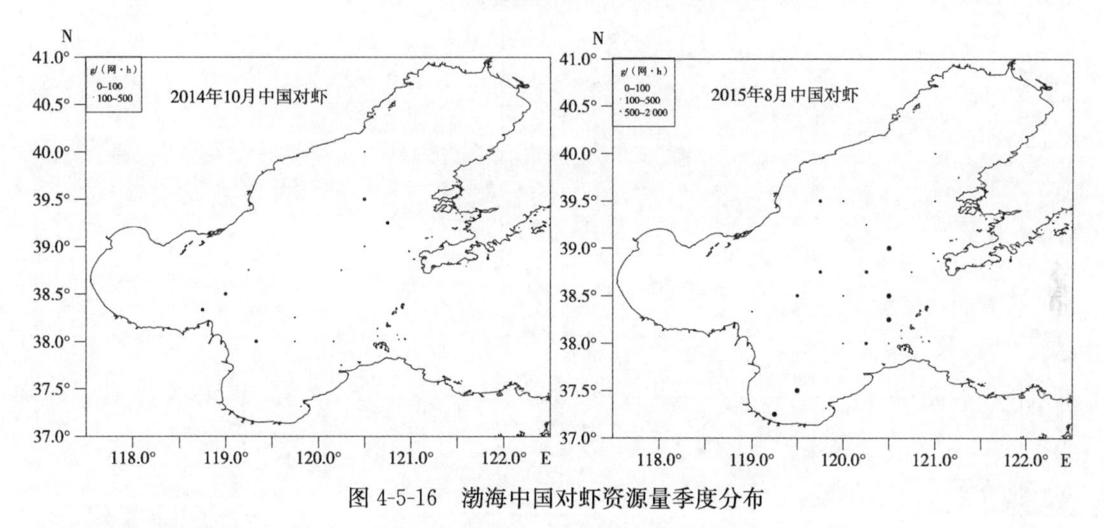

图 4-5-16　渤海中国对虾资源量季度分布

（九）口虾蛄

由于渤海中国对虾、小黄鱼和带鱼等渔业资源严重衰退，口虾蛄现已成为渤海重要的渔业支柱产业，其资源量分布具有明显的季节特点，夏季特高，其次是秋季，春季较低，冬季最低。夏、秋两季平均网获量分别为 10.68kg/h 和 2.61kg/h，春、冬两季平均网获量分别为 0.81kg/h 和 0.05kg/h（图 4-5-17）。

2014 年 10 月（秋季）共在 36 个站位捕捞到口虾蛄，站位网获量最高为 13.60kg/h，最低为 9.00g/h，资源量分布主要集中于莱州湾西部沿岸和湾口东部水域、渤海湾和辽东湾的湾口及渤海中部的西北水域，渤海中部的南部水域有少量分布；2015 年 1 月（冬季）共在 18 个站位捕捞到口虾蛄，其资源量大幅减少，站位网获量最高为 0.80kg/h，最低为 1.20g/h，分布站位主要集中于莱州湾、渤海湾和渤海中部的西北水域，辽东湾和渤海中部东南部水域基本无分布；2015 年 5 月（春季）

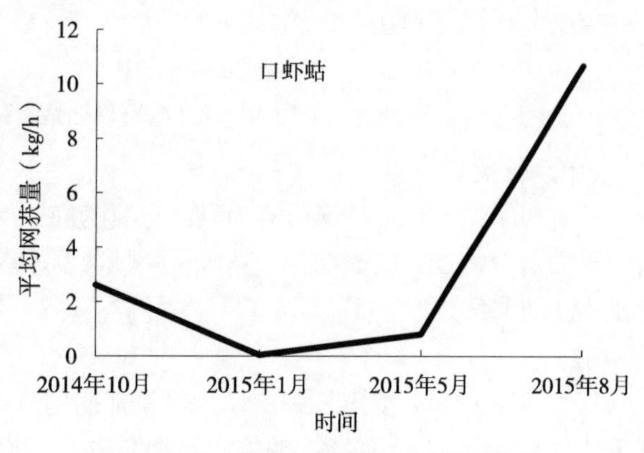

图 4-5-17　渤海口虾蛄季度平均网获量

口虾蛄资源量有所增加，共在 43 个站位捕捞到口虾蛄，站位网获量最高为 12.00kg/h，最低为 12.00g/h，相比冬季，春季口虾蛄的分布站位更加集中于莱州湾、渤海湾和渤海中部的西北水域，在辽东湾的东南部水域有少量分布；2015 年 8 月（夏季）共在 37 个站位捕捞到口虾蛄，站位网获量最高为 60.00kg/h，最低为 12.00g/h，相比秋季，口虾蛄的分布站位有所减少，但站位资源量却相对集中，主要分布于莱州湾与渤海中部的毗邻水域，在渤海中部的北部海域和辽东湾的东南部水域也有一定的分布（图 4-5-18）。

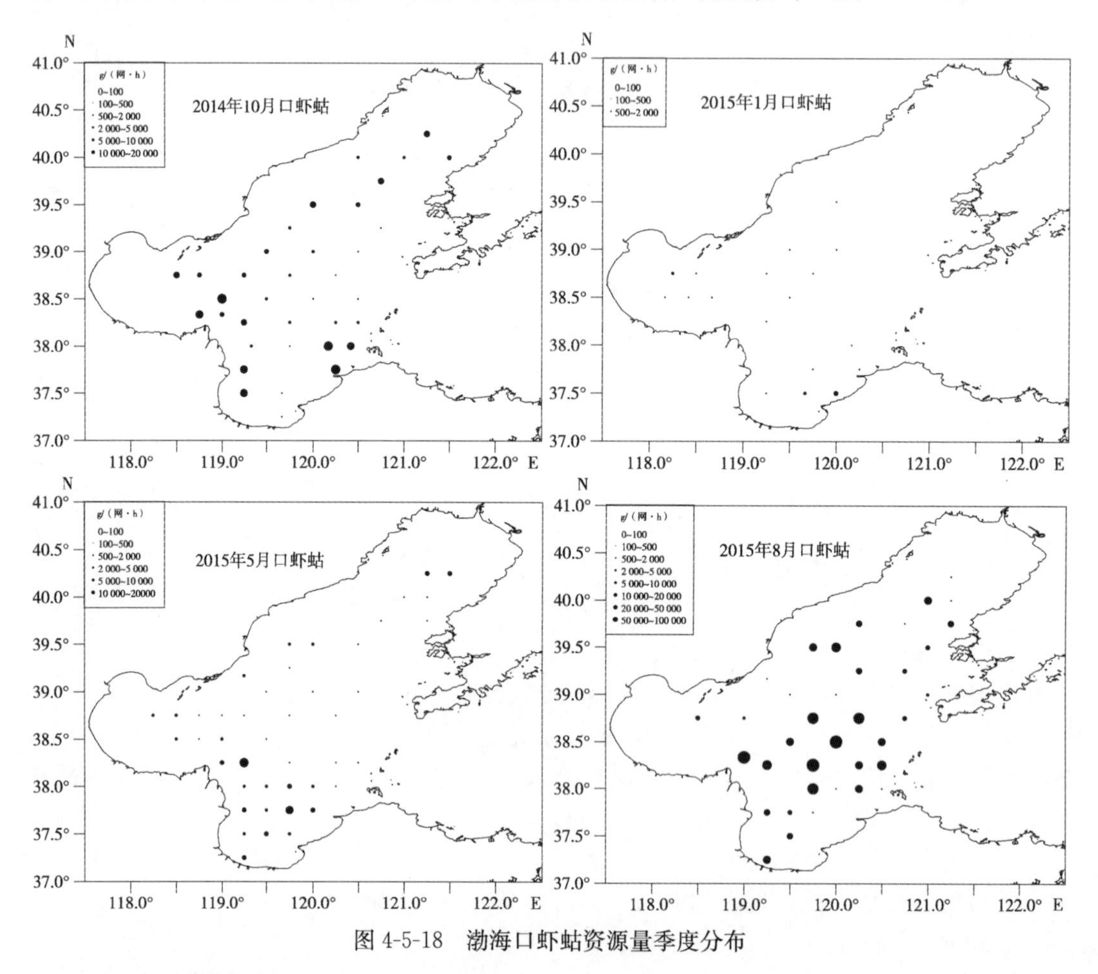

图 4-5-18　渤海口虾蛄资源量季度分布

（十）三疣梭子蟹

三疣梭子蟹与口虾蛄现已成为渤海重要的渔业支柱产业，其资源量分布与口虾蛄一样具有明显的季节特点，秋季特高，其次是夏季，春季较低，冬季最低。秋、夏两季平均网获量分别为 1.76kg/h 和 0.15kg/h，春、冬两季平均网获量分别为 0.003kg/h 和 0.004kg/h（图 4-5-19）。

2014 年 10 月（秋季）共在 37 个站位捕捞到三疣梭子蟹，站位网获量最高为 6.08kg/h，最低为 1.00g/h，分布站位主要集中于渤海中部、莱州湾北部和西部沿岸及渤海湾湾口的东南角，辽东湾的湾口有零星分布，高资源量主要分布于渤海中部的东部水域和渤海湾与莱州湾毗邻水域；2015 年 1 月（冬季）三疣梭子蟹资源量大幅减少，只在 4 个站位捕捞到三疣梭

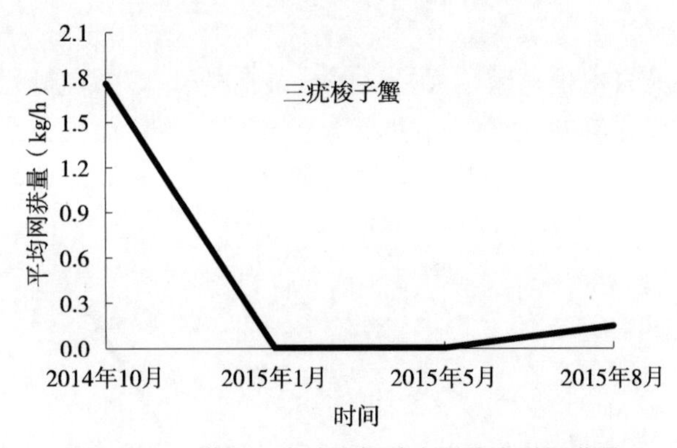

图 4-5-19　渤海三疣梭子蟹季度平均小时网获量

子蟹，站位网获量最高仅为 0.07kg/h，最低为 4.40g/h，仅莱州湾的西北水域有集中分布，辽东湾和渤海中部东南部水域基本无分布；2015 年 5 月（春季）三疣梭子蟹资源量持续减少，只在渤海中部水域 1 个站位捕捞到三疣梭子蟹，网获量为 0.12kg/h；2015 年 8 月（夏季）共在 13 个站位捕捞到口虾蛄，站位网获量最高为 4.40kg/h，最低为 85.00g/h，站位分布与资源量分布却相对集中，主要在莱州湾（图 4-5-20）。

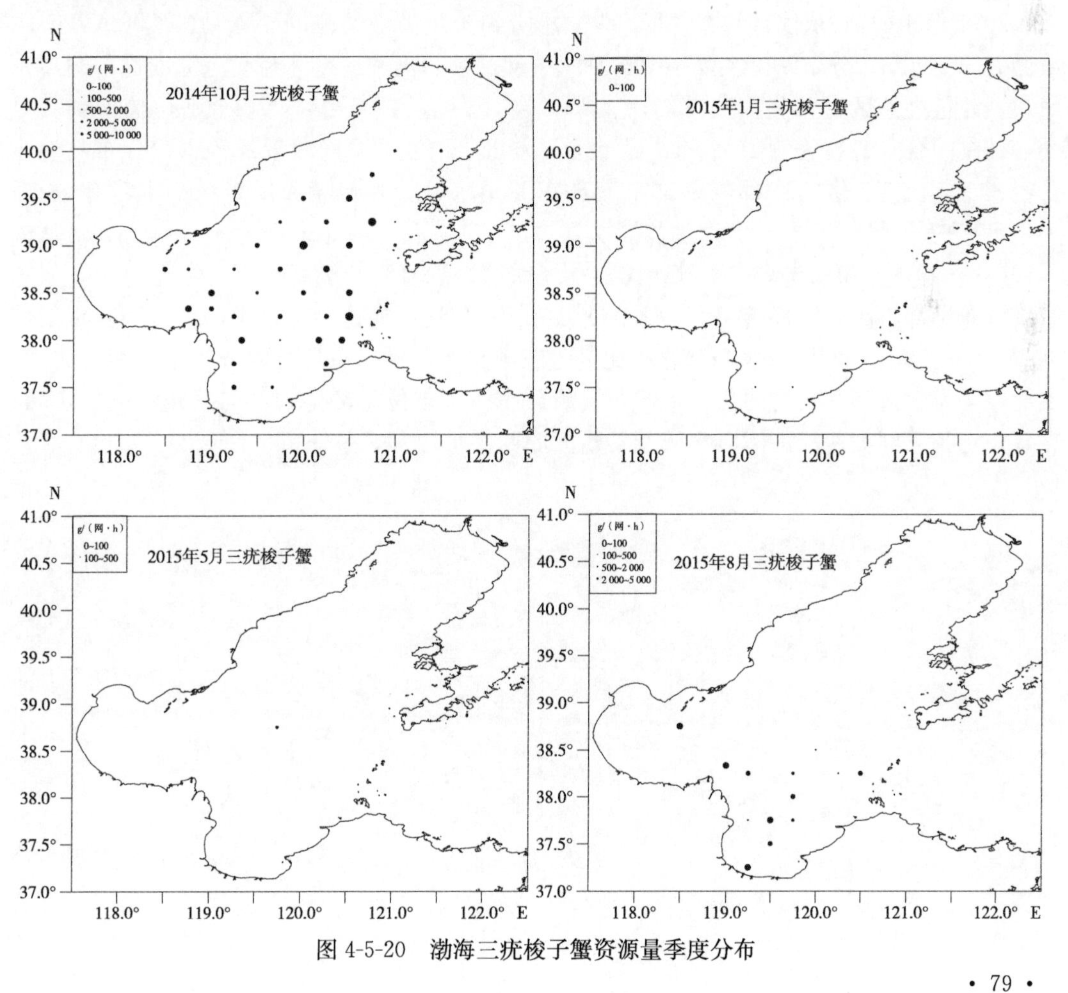

图 4-5-20　渤海三疣梭子蟹资源量季度分布

（十一）头足类

渤海头足类主要有日本枪乌贼、火枪乌贼、金乌贼、双喙耳乌贼、毛氏四盘耳乌贼、长蛸、短蛸、真蛸和太平洋褶柔鱼等，其资源量在秋、冬、春三个季节都较低，冬季最低，夏季陡增，秋、冬、春三个季节平均网获量分别为 1.54kg/h、0.06kg/h 和 0.14kg/h，夏季平均网获量为 6.51kg/h（图 4-5-21）。

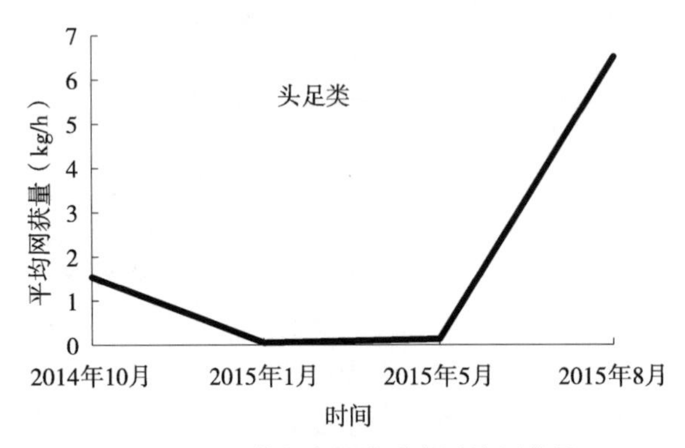

图 4-5-21 渤海头足类季度平均网获量

2014 年 10 月（秋季）共在 43 个站位捕捞到头足类，站位网获量最高为 6.79kg/h，最低为 5.50g/h，分布站位主要集中于渤海中部、莱州湾和辽东湾与渤海湾两湾的湾口水域，资源量高值区为莱州湾西部沿岸；2015 年 1 月（冬季）共在 20 个站位捕捞到头足类，站位网获量最高为 0.20kg/h，最低为 0.60g/h，各站位资源量都较少，分布站位主要密集于莱州湾、渤海中部的南部水域和东北角水域，莱州湾和辽东湾基本没有分布；2015 年 5 月（春季）共在 34 个站位捕捞到头足类，站位网获量最高为 0.82kg/h，最低为 0.96g/h，春季分布站位集中于莱州湾，在辽东湾、渤海湾和渤海中部有零星分布，但各站位资源量都不高；2015 年 8 月（夏季）共在 40 个站位捕捞到头足类，站位网获量最高为 30.32kg/h，最低为 12.00g/h，相比其他三个季节，夏季头足类的分布站位相对集中，主要在渤海中部和莱州湾的北部水域，资源量高值区则位于渤海中部与莱州湾毗邻水域，在辽东湾和莱州湾两湾的湾口水域及莱州湾的西部水域有零星分布（4-5-22）。

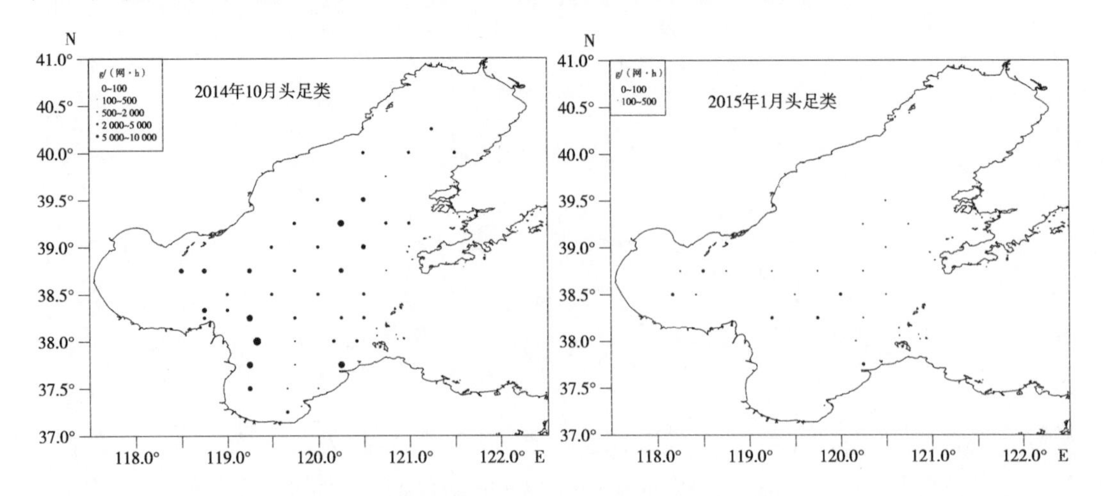

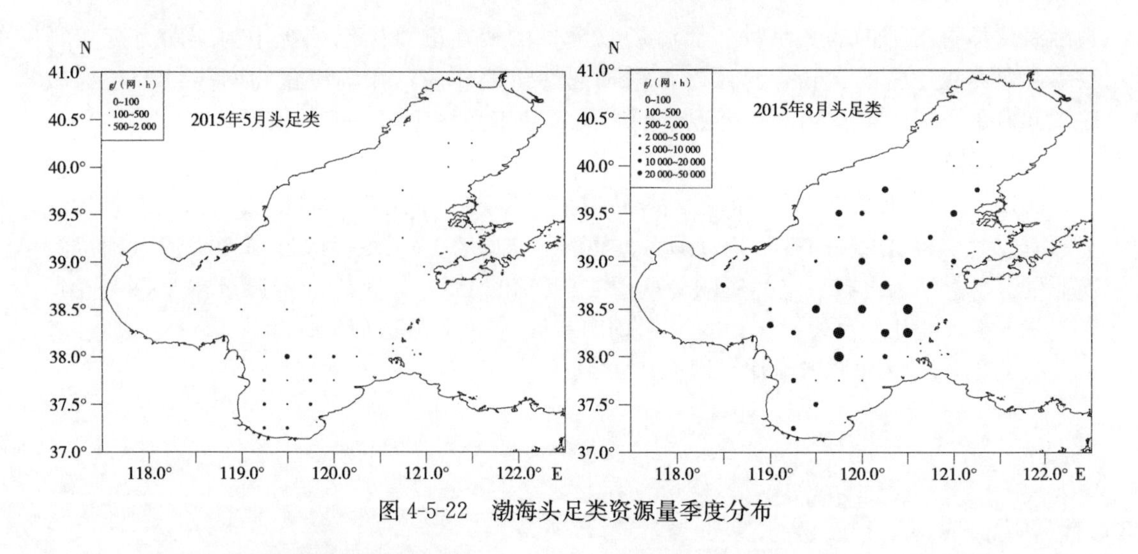

图 4-5-22　渤海头足类资源量季度分布

二、功能群资源量年际变动

渤海作为一个半封闭型内海，是中国对虾等诸多海洋生物资源的产卵场、索饵场和育肥场。5 月、6 月是多数鱼类洄游至渤海的繁殖时间，6 月 1 日渤海开始进入休渔期，因此选取 8 月作为调查时间，可排除渔民生产作业对渔业调查产生的影响，此时幼鱼已长大，且此时渤海基本上无迁入和迁出的鱼类。将渤海作为一个整体研究，可消除迁移对渤海渔业资源功能组研究的影响，能够客观有效地反映渤海渔业资源功能群结构的变化情况。

对比 2009—2010 年每年 8 月及 2012—2014 年每年 8 月与 2015 年 8 月渤海渔业资源物功能群的年际变动趋势，以更好地为中国对虾的增殖放流服务。

(一) 鳀

鳀的资源量在 2009—2012 年有先上升再下降的趋势，但变化幅度总体不大，平均网获量在 0.50kg/h 以下。2013 年鳀资源量有大幅度的提升，从 2012 年的 0.20kg/h 上升到 2.18kg/h，2014 年增至 2.40kg/h（图 4-5-23）。2012—2016 年每年 8 月渤海各调查站位鱼类年度群落结构组间相似性和组内差异性贡献率的大小和出现频率表明，鳀

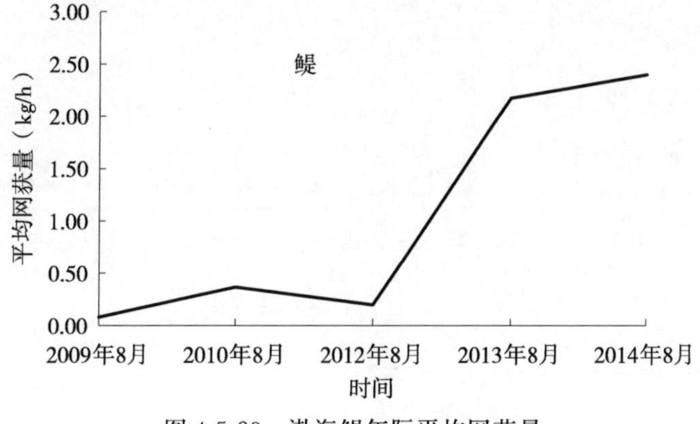

图 4-5-23　渤海鳀年际平均网获量

为渤海鱼类群落结构的关键种。浮游动物食性的鳀在渤海生态系统中为花鲈、蓝点马鲛等高营养级生物的食物，对碳、氮循环起着重要作用，在渤海食物网能量流与物质流中起着承上启下的作用。其资源量的增加有助于渤海生态系统的恢复。

（二）黄鲫

2012—2016 年每年 8 月渤海各调查站位鱼类年度群落结构组间相似性和组内差异性贡献率的大小和出现频率表明，黄鲫为鱼类群落结构的次要关键种，其资源量变动对渤海渔业资源群落结构也有一定的影响。从图 4-5-24 可以看出，黄鲫的资源量在 2009—2013 年逐年下降，变化幅度较大，2009 年平均网获量在 3.66kg/h 以下；2013 年只有 0.35kg/h，2014 年比 2013 年有所增加，增至 0.99kg/h。

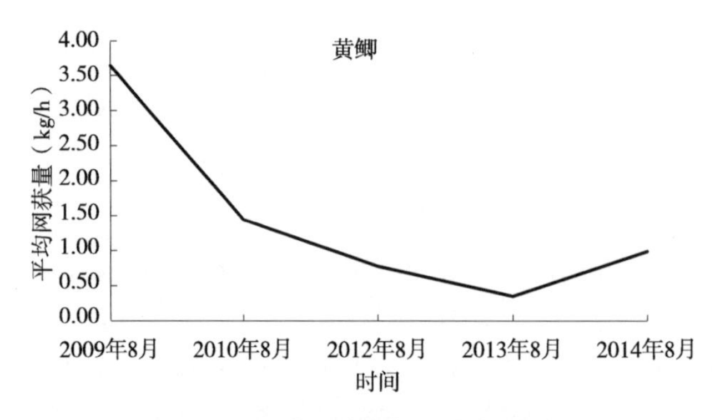

图 4-5-24　渤海黄鲫年际平均网获量

（三）蓝点马鲛

蓝点马鲛作为一种高营养级的长途洄游鱼类，其资源量在渤海变动较大，基本上一直呈下降趋势，2009—2014 年平均网获量见图 4-5-25。渤海蓝点马鲛主要摄食鳀及赤鼻棱鳀、中颌棱鳀、青鳞沙丁鱼等小型鱼类。2009—2014 年鳀的资源量基本呈上升趋势，而蓝点马鲛资源量却基本呈下降趋势，可能与蓝点马鲛从黄海洄游至渤海产卵途中被渔民捕捞有关。

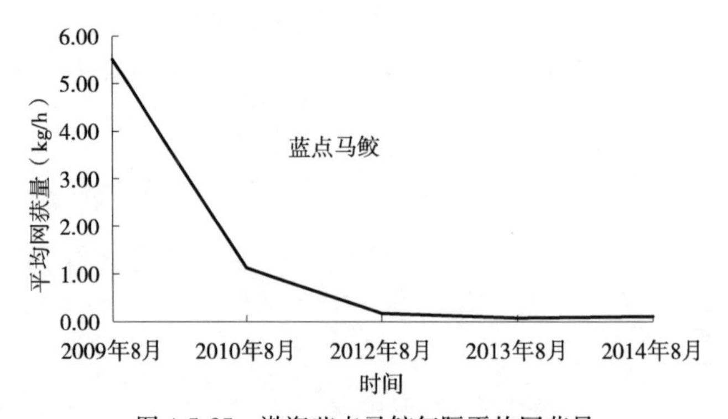

图 4-5-25　渤海蓝点马鲛年际平均网获量

（四）其他中上层鱼类

其他中上层鱼类主要包括赤鼻棱鳀、中颌棱鳀、青鳞沙丁鱼、日本鲭、竹筴鱼和银鲳等，相比 2009 年，2010 年其他中上层鱼类的资源量陡增，平均网获量从 3.33kg/hg 增加到 59.26kg/h；2012 年又大幅下降，平均网获量下降至 1.45kg/h；2013 年和 2014 年平均网获量又降至分别为 0.47kg/h 和 0.66kg/h。总体而言，其他中上层鱼类的资源量波动较大，整体呈下降趋势（图 4-5-26）。

图 4-5-26　渤海其他中上层鱼类年际平均网获量

（五）花鲈

与蓝点马鲛一样，花鲈是一种凶猛的高营养级鱼类，为近岸浅海中下层鱼类，其资源量年际变化情况与其他中上层鱼类资源量的变动一致，即 2010 年与 2009 年相比出现剧增，平均网获量从 0.01kg/h 陡增至 0.28kg/h，2012 年又陡降至零，2013 年和 2014 年都没有捕捞到花鲈（图 4-5-27）。花鲈的食性较杂，食物包括鱼类、甲壳类、头足类、蛇尾类、环节动物和海藻等，其资源量不会轻易因某种食物的减少而减少。2012—2014 年捕捞不到花鲈，可能与渔民的生产有关。

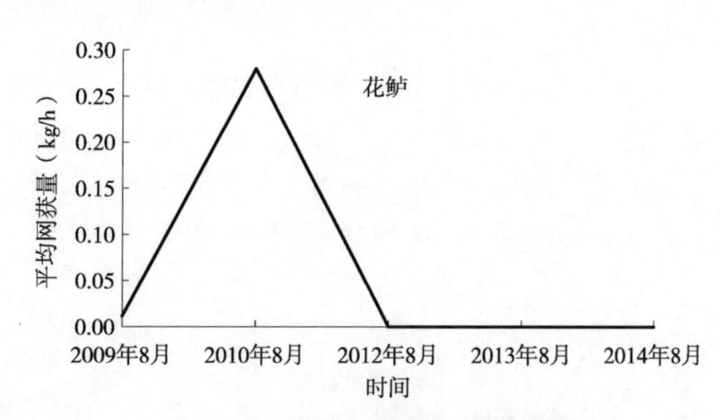

图 4-5-27　渤海花鲈年际平均网获量

（六）其他底层鱼类

其他底层鱼类的资源量基本呈下降趋势，平均网获量从 2009 年的 58.16kg/h 猛降至 2010 年的 0.52kg/h，2012 年又增至 1.32kg/h，2013 年则降至 0.22kg/h，2014 年稍微上升至 0.33kg/h（图 4-5-28）。总体而言，其他底层鱼类资源量虽呈波浪形变动，在 2010 年后波动幅度较小，且资源量总体偏低。

（七）虾虎鱼类

渤海虾虎鱼类多为一年生鱼类，其资源量年际波动较大，2009 年、2010 年、2012 年

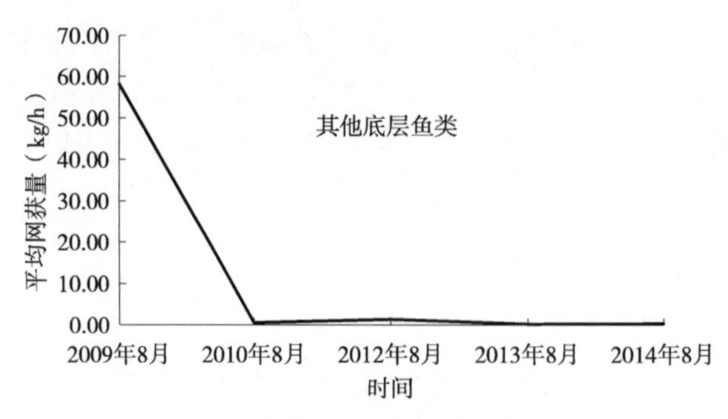

图 4-5-28　渤海其他底层鱼类年际平均网获量

一直下降，平均网获量分别为 1.14kg/h、0.62kg/h 和 0.15kg/h，2013—2014 年有所上升，2013 年和 2014 年平均网获量分别为 0.19kg/h 和 0.42kg/h（图 4-5-29）。总体而言，其资源量相对较小。

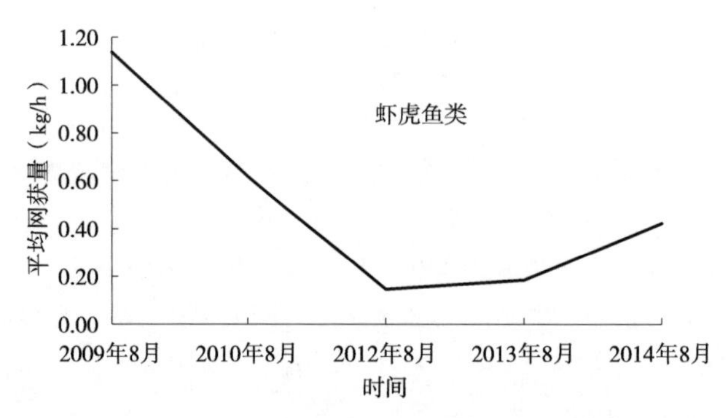

图 4-5-29　渤海虾虎鱼类年际平均网获量

（八）其他底栖鱼类

其他底栖鱼类是渤海中包含种类最多的一个渔业资源功能群，但其资源量却并不是最高的。2009 年资源量最高，平均网获量为 1.85kg/h；2010 年资源量陡降，平均网获量为 0.11kg/h；2012 年资源量有所增加，平均网获量为 0.30kg/h；2013 年至 2014 年则持续减少，平均网获量分别为 0.19kg/h 和 0.03kg/h（图 4-5-30）。

图 4-5-30　渤海其他底栖鱼类年际平均网获量

（九）中国对虾

渤海中国对虾基本上来源于放流，野生中国对虾极难捕获。2009 年至 2014 年中国对虾的资源量持续减少，平均网获量分别为 0.83kg/h、0.34kg/h、0.28kg/h、0.04 kg/h和 0.02kg/h（图 4-5-31）。目前渤海的生物背景和环境背景都适合中国对虾的增殖放流，每年放流的中国对虾苗种稳中有增，但中国对虾的资源量却持续减少，其原因有待深究。

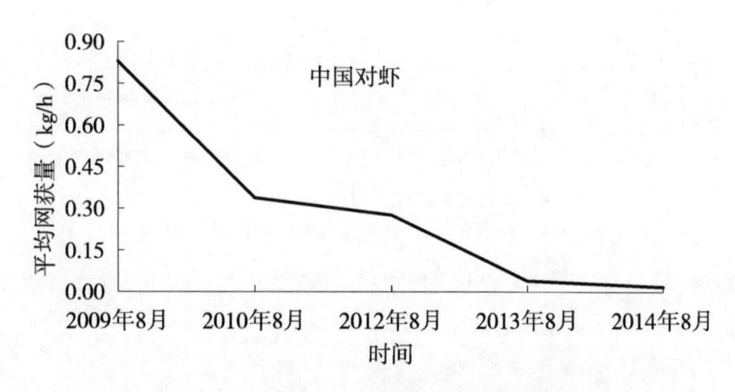

图 4-5-31　渤海中国对虾年际平均网获量

（十）口虾蛄

口虾蛄目前是渤海渔业的重要支柱产业，其资源量因生理习性以及渔民的生产活动影响而具有明显的季节特点，年际变化波动也较大。相比 2009 年，2010—2014 年资源量大幅下降，整体呈下降趋势。2009 年、2010 年、2012 年、2013 年、2014 年平均网获量分别为 13.40kg/h、0.62kg/h、0.99kg/h、0.22kg/h 和 1.32kg/h，资源量年际变化呈波浪形（图 4-5-32）。

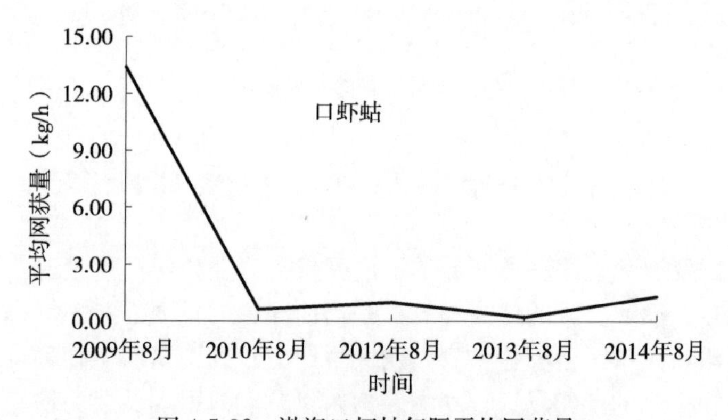

图 4-5-32　渤海口虾蛄年际平均网获量

（十一）三疣梭子蟹

三疣梭子蟹是渤海另一重要的甲壳类渔业资源种类，与口虾蛄一样，其资源量呈明显的季节波动，2009—2014 年其资源量变化呈波浪形，上下起伏，但整体呈下降趋势，2009 年、2010 年、2012 年、2013 年、2014 年平均网获量分别为 0.58kg/h、032kg/h、0.37kg/h、0.07kg/h 和 0.08kg/h（4-5-33）。

（十二）头足类

渤海头足类主要有枪乌贼、耳乌贼、褶柔鱼和蛸类，都为重要的经济种类。2009—

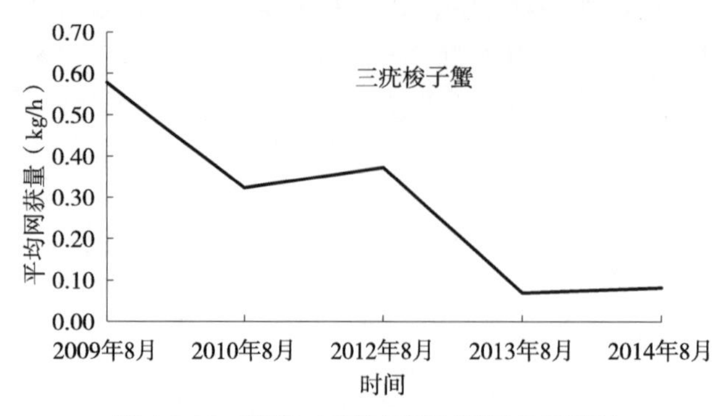

图 4-5-33 渤海三疣梭子蟹年际平均网获量

2013 年，其资源量呈下降趋势，平均网获量 2009 年为 7.20kg/h，2010 年陡降为 0.86kg/h，2012 年降为 0.52kg/h，2013 年持续降至 0.08kg/h，2014 年略微恢复至 0.14kg/h，资源量整体偏低（图 4-5-34）。

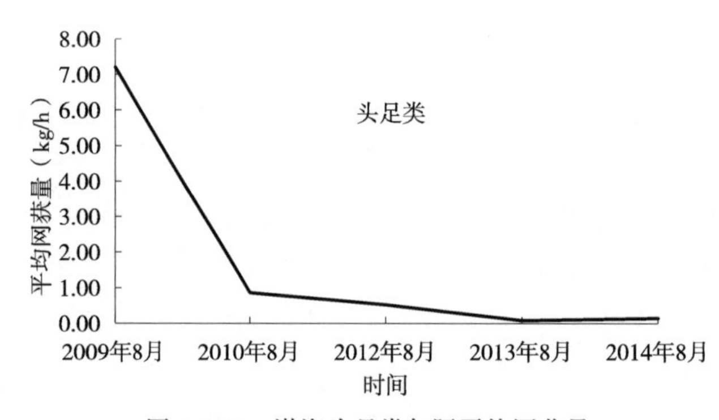

图 4-5-34 渤海头足类年际平均网获量

第六节 中国对虾增殖基础评价

随着捕捞业的发展和近海渔业资源的过度开发，渔业资源严重衰退，某些资源甚至已经枯竭，无法恢复。渔业资源的修复和保护是当前面临的重要任务。渤海是具有较强封闭性的内海，沿岸河口浅水区营养盐丰富，初级生产力较高，饵料生物种类多样，是中国对虾等众多渔业生物重要的产卵场、育幼场、索饵场，渤海也因此成为增殖放流最理想的海洋渔业牧场。但渤海周边三省一市的海洋工程和环境污染使得众多海洋生物的栖息地、产卵场和育幼场等关键生境遭到破坏和改变，研究中国对虾的生存环境对其增殖放流有重要的指导意义。夏季是中国对虾的快速生长期，本节对 2009 年夏季渤海放流中国对虾及其主要捕食者和饵料生物浮游植物与浮游动物的生物量分布进行了细致调查，旨在摸清渤海中国对虾增殖放流后的资源状况及其增殖的生物学基础，为渤海周边三省一市中国对虾的放流区域及放流规模选择与调整提供技术支撑。

中国对虾生物资源密度高的海域，其栖息环境相对优越。从中国对虾的资源分布可以判断其理想的栖息场所，从而选择适宜的放流海域。渤海 4 个湾中国对虾的网获量见表

4-6-1。从分布来看，夏季，以渤海湾的中国对虾密度最高，其次为莱州湾，然后是辽东湾，渤海中部的密度最低。各放流区域中国对虾的平均密度与其放流的数量密切相关，放流的数量越大，其密度越高。评估中国对虾增殖放流效果的回捕率，以渤海湾最高，其次为莱州湾，辽东湾和渤海中部最低。

表 4-6-1　渤海 4 个海域中国对虾的捕获情况

质量比（%）				网获量（g/h）			
渤海湾	莱州湾	辽东湾	渤海中部	渤海湾	莱州湾	辽东湾	渤海中部
18.29	56.05	3.03	22.63	1 541.50	3 865.16	191.85	903.30

一、中国对虾捕食者

根据多年的拖网调查结果，渤海中国对虾的捕食者主要有六丝矛尾虾虎鱼、矛尾虾虎鱼、矛尾复虾虎鱼、钟馗虾虎鱼、丝虾虎鱼、红狼牙虾虎鱼、花鲈、白姑鱼、长绵鳚、繸鳚和鲬（*Platycephalus indicus*）等。2009 年夏季中国对虾捕食者在渤海 4 个海域的网获量见表 4-6-2。

表 4-6-2　渤海 4 个海域中国对虾捕食的捕获情况

项目	渤海湾	莱州湾	辽东湾	渤海中部
放流数量（万尾）	153 630	24 711	16 300	8 000
平均网获量（g/h）	3933	264	10	1
平均网获尾数（尾/h）	129.9	7.8	0.3	0.05
资源量（g）	4 454.95	192.11	14.12	5.01
回捕率（%）	3.00	0.78	0.09	0.06

二、中国对虾饵料生物

根据渤海浮游植物、浮游动物和底栖生物的调查结果，按照《中国专属经济区海洋生物资源与栖息环境》中的饵料生物水平评价标准和贾晓平（2005）的海水营养分级，渤海的基础饵料水平分级标准见表 4-6-3。根据此标准，渤海夏季早期的饵料水平处于较好的状态，属于中等以上水平。其中，6 月浮游植物的数量较高，饵料水平很高（Ⅴ级），但 8 月处于低水平（Ⅰ级）；浮游动物的生物量 2 个月份均超过 $100mg/m^3$，饵料水平都属于Ⅴ级；底栖生物 2 个月份的生物量在 $12\sim15g/m^2$，饵料水平处于中等水平，为Ⅲ级。研究表明，中国对虾在不同的生活阶段摄食的饵料种类有所差别，幼虾以小型甲壳类为主要食物，同时也摄食软体动物幼体、多毛类及其幼体和鱼类幼体等；成虾则主要以底栖的甲壳类、瓣鳃类、头足类、多毛类、小型鱼类等为食。渤海的浮游动物和底栖生物较丰富，以个体较小的软体动物和多毛类在丰度上占优势，适合中国对虾的摄食。

4-6-3　饵料生物水平分级评价标准

评价等级	Ⅰ	Ⅱ	Ⅲ	Ⅳ	Ⅴ
浮游植物丰度（个/m^3）	＜50	50～75	75～100	100～200	＞200
浮游动物生物量（mg/m^3）	＜10	10～30	30～50	50～70	＞100
底栖生物生物量（g/m^2）	＜5	5～10	10～25	25～50	＞50
分级描述	低	较低	较丰富	丰富	很丰富

三、中国对虾增殖的生态基础

中国对虾幼体的食物以甲藻为主，仔虾以硅藻为主，幼虾和成虾以小型甲壳类为主。研究渤海饵料生物的空间分布可以分析中国对虾适宜的生长海域。生物遵循趋利避害的生存原则，饵料生物水平分级高、捕食者资源密度低的海区是海洋生物理想的栖息地，但通常饵料生物水平高的海域，其捕食者资源密度也高，捕食者随其饵料生物迁移会相应地发生迁移，两者在大尺度的时空上常存在生物量相关性。

调查渤海中国对虾捕食者的资源量分布，对其放流海域的选择也有指导意义。虾虎鱼为中国对虾在渤海的主要捕食者，与中国对虾的生物量分布基本一致，两者资源量的分布遵循生物量相关性这一原则。从中国对虾捕食者的生物量及其分布可看出，渤海湾和莱州湾是中国对虾生物量的高值区，这两个海域适宜中国对虾的放流。

第五章　中国对虾增殖生态容量评估

中国对虾为一年生虾类，每年 5 月上旬至 6 月上旬产卵，产卵期一般持续 1 个月左右，产卵场主要分布在 10m 以浅的浅水区。受精卵孵化后经 23d 左右发育成仔虾，再经约 40d 发育成幼虾，此时大约为 7 月中旬，到 9 月底性成熟，10 月中旬交尾，之后陆续洄游至越冬场越冬。中国对虾是生命周期短、生长快的物种，其中生活史大半阶段在我国近海，成为我国增殖放流的主要物种，“十二五”末每年的放流数量约 150 亿尾，占全国海洋渔业资源增殖放流总量的近 60%，并有增加的趋势，因此开展中国对虾增殖生态容量评估，为增殖决策和管理提供依据，是十分必要的。

第一节　莱州湾中国对虾增殖生态容量评估

莱州湾有黄河、小清河、潍河等多条河流入海，受沿岸径流冲淡水以及黄海冷水团的影响，其水质肥沃、饵料丰富，是黄海、渤海多种经济鱼虾类重要的产卵场和栖息地。通过构建莱州湾生态系统 Ecopath 模型，分析了莱州湾生态系统的总体特征、营养相互关系，探讨放流品种中国对虾的增殖生态容量。

一、数据来源和模型构建

模型各功能群的食性分析矩阵主要根据采样样品的胃含物分析结果、杨纪明（2001）的研究等。中国对虾、海蜇、三疣梭子蟹的捕捞量来源于增殖放流效果专项调查。鱼类、其他大型无脊椎动物等的捕捞量参考《中国渔业统计年鉴》以及“2009—2010 年捕捞信息动态采集网络莱州湾调查的渔捞日志资料”（http：//www. eastfish. cn/index. aspx）。*EE* 值是较难获得的参数，由模型估算得出。

依据生物种类间相似的食性、栖息地特征、生态学特征，对增殖放流和渔业的贡献率以及简化食物网的研究策略，将莱州湾生态系统定义为 26 个功能群，基本覆盖了该生态系统能量流动的全过程，包括该海域的重要渔业种群、生态习性相同的种类、中国对虾、中国对虾的食物竞争者和敌害生物，也包括有机碎屑、浮游植物、浮游动物、大型底栖动物、小型底栖动物等（表 5-1-1）。所有的数据标准化处理为 1 年，生物量、生产量和其他能量流动以湿重（t/km^2）形式表示。

表 5-1-1　莱州湾生态系统模型功能群的定义

编号	功能群	组成
1	斑鰶	斑鰶

（续）

编号	功能群	组成
2	黄鲫	黄鲫
3	蓝点马鲛	蓝点马鲛
4	银鲳	银鲳
5	其他中上层鱼类	鳀科
		鲱科
6	白姑鱼	白姑鱼
7	小黄鱼	小黄鱼
8	花鲈	花鲈
9	鲬	鲬
10	其他底层鱼类	带鱼科
		大泷六线鱼
		鲀科
		其他石首鱼科
		绿鳍马面鲀
		鲷科
		绵鳚科等
11	虾虎鱼类	矛尾虾虎鱼
		六丝钝尾虾虎鱼
		矛尾复虾虎鱼等
12	长蛇鲻	长蛇鲻
13	其他底栖鱼类	黑鲪
		鲆科
		鲽科
		舌鳎科等
14	中国对虾	中国对虾
15	口虾蛄	口虾蛄
16	三疣梭子蟹	三疣梭子蟹
17	头足类	日本枪乌贼
		双喙耳乌贼
		长蛸
		短蛸等
18	软体动物	双壳类
		腹足类
19	多毛类	多毛类
20	棘皮动物	棘皮动物
21	底栖甲壳类	葛氏长臂虾
		脊腹褐虾
		脊尾白虾
		鹰爪虾

（续）

编号	功能群	组成
		日本鼓虾
		鲜明鼓虾
		中国毛虾
		日本蟳
		泥脚隆背蟹
		枯瘦突眼蟹
		日本关公蟹
		双斑蟳
		短尾类幼体
		长尾类幼体等
22	小型底栖动物	介形类
		涟虫
		端足类
		线虫
		桡足类
		多毛类
		双壳类
		动吻类
		涡虫
		异足类
		等足类等
23	海蜇	海蜇
24	浮游动物	真刺唇角水蚤
		强壮箭虫
		中华哲水蚤
		墨氏胸刺水蚤
		小拟哲水蚤
		夜光虫等
25	浮游植物	硅藻
		甲藻等
26	碎屑	

生物量主要根据2009—2010年间莱州湾海域的增殖放流效果调查，调查时间：2009年8月、10月，2010年5月、8月。调查范围：37°08′—38°05′N、118°50′—120°20′E。2009年和2010年的调查船分别为莱州鲁莱渔6835/6836、6802/6836双拖渔船，拖网网目1 740目×6.3cm，网囊网目2.0cm，网口高度6m，网口宽度22.6m，拖速大约3n mile/h，所有的调查数据标准化处理为1h。鱼类、大型无脊椎动物的生物量通过扫海面积法计算得出。浮游植物生物量由浮游植物碳单位转换为湿重单位，浮游植物碳重的获得通过叶绿素a含量计算，莱州湾各水层的叶绿素a含量取自调查数据。浮游植物碳单位

以系数 10 转换为湿重，浮游植物碳单位与叶绿素 a 的转换因子采用 56。碎屑生物量参考文献资料。浮游动物生物量根据浮游动物大网采集数据得出。大、小型底栖动物生物量参考调研结果及文献资料。

鱼类 P/B 值等于瞬时总死亡率 Z，总死亡率 Z 为自然死亡率 M 与开发的捕捞死亡率的累加，利用 Gulland 和 Pauly 提出的多种估算鱼类和其他水生动物 P/B 值的方法计算得出。鱼类 Q/B 值可以根据尾鳍外形比的多元回归模型来计算，本海域模型主要参考以往文献的研究。虾蟹类、头足类、大型底栖动物、小型底栖动物、浮游动物的 P/B 值和 Q/B 值，浮游植物的 P/B 值以及其他未知参数等主要参考邻近海域模型。

Ecopath 模型的调试是使生态系统的输入和输出保持平衡，模型平衡满足的基本条件是 $0<EE\leqslant1$，具体参见第二章。

增殖生态容量的计算参考贝类养殖容量的估算方法。根据 Ecopath 模型的构建原理，通过不断增加某放流品种的生物量（捕捞量也相应地成比例增加），观察系统中饵料生物等其他功能群的变化，当模型中任意其他功能群的 $EE>1$ 时，模型将变得不平衡而改变当前的状态；在模型即将不平衡前的放流品种生物量值即为生态容量。本研究尝试计算莱州湾放流海域中国对虾潜在的增殖生态容量。

当生态系统达到生态容量时，生物量参数的鲁棒性检验是通过改变模型在增殖生态容量平衡状态下的每个功能群的生物量值进行测试的，生物量分别乘以因子 0.01、0.1、0.5、2、10 以及 100。一次仅改变 1 种功能群的生物量值，其他功能群的生物量值保持不变。在保持 Ecopath 模型平衡状态的情况下，用某个功能群生物量值的变动程度来测试此功能群的生物量在系统达到生态容量时的抗扰动程度。

二、模型参数质量

平衡的莱州湾 Ecopath 模型的输入参数和估计参数如表 5-1-2 所示。平衡模型所有功能群的 EE 值均小于 1，鱼类和大型无脊椎动物功能群的 EE 值相对较高。依据食性分析矩阵，莱州湾 Ecopath 模型 26 个功能群的营养级为 1.00～4.30。本研究中评价模型整体质量的 Pedigree 指数为 0.51，与 Morissette 等（2007）评价的其他 50 个不同的生态系统的 Pedigree 指数（0.164～0.676）相比，处于较合理范围。模型研究主要基于本区域调查数据，生物量数据的可信度较高。

表 5-1-2　莱州湾 Ecopath 模型的基本输入参数和估计参数（黑体）

功能群	营养级	B（t/km²）	P/B	Q/B	EE	P/Q	渔获量 [t/（km²·a）]
1. 斑鰶	**2.61**	1.233 4	0.622 7	12.1	**0.273 1**	**0.051 5**	0.204 1
2. 黄鲫	**3.15**	0.064 2	1.697 1	9.1	**0.670 3**	**0.186 5**	0.000 7
3. 蓝点马鲛	**3.82**	0.040 3	0.750 3	5.7	**0.773 8**	**0.131 6**	0.020 9
4. 银鲳	**2.83**	0.025 5	2.32	9.1	**0.766 8**	**0.254 9**	0.036 8
5. 其他中上层鱼类	**3.12**	0.073 8	1.74	8.9	**0.888 8**	**0.195 5**	0.007 8
6. 白姑鱼	**3.58**	0.001 7	1.067 4	5.5	**0.932 4**	**0.194 1**	0.001
7. 小黄鱼	**3.39**	0.113 9	1.658	5.7	**0.919 7**	**0.290 9**	0.019 5

（续）

功能群	营养级	B（t/km²）	P/B	Q/B	EE	P/Q	渔获量［t/（km²·a）］
8. 花鲈	**4.07**	0.001 8	1.058	4	**0.750 4**	**0.264 5**	0.001 4
9. 鲬	**3.83**	0.003 4	0.72	3.6	**0.890 8**	**0.2**	0.002 2
10. 其他底层鱼类	**3.22**	0.007 8	1.479 1	4.95	**0.919 7**	**0.298 8**	0.000 3
11. 虾虎鱼类	**3.45**	0.009 4	1.592 2	4.7	**0.903 1**	**0.338 8**	0.000 3
12. 长蛇鲻	**4.30**	0.001 2	0.52	5	**0.466 1**	**0.104**	0.000 3
13. 其他底栖鱼类	**3.49**	0.003 4	0.957 8	4.93	**0.320 5**	**0.194 3**	0.000 2
14. 中国对虾	**3.23**	0.114 3	8.5	25	**0.100 8**	**0.34**	0.093 2
15. 口虾蛄	**3.11**	0.038 5	8	30	**0.722 3**	**0.266 7**	0.035 7
16. 三疣梭子蟹	**3.35**	0.01	3.5	11	**0.770 8**	**0.318 2**	0.026 6
17. 头足类	**3.37**	0.029 8	3.3	8	**0.650 7**	**0.412 5**	0.004 5
18. 软体动物	**2.36**	7.7	6	27	**0.176 8**	**0.222 2**	0.3
19. 多毛类	**2.00**	4.5	6.75	22.5	**0.027 6**	**0.3**	—
20. 棘皮动物	**2.33**	2.6	1.2	3.58	**0.167**	**0.335 2**	—
21. 底栖甲壳类	**2.22**	7.477	5.65	26.9	**0.393 9**	**0.21**	0.050 9
22. 小型底栖动物	**2.08**	4.605	9	33	**0.663 1**	**0.272 7**	—
23. 海蜇	**2.95**	0.068 8	5.011	25.05	**0.889 1**	**0.2**	0.169 5
24. 浮游动物	**2.00**	4.954 2	25	125	**0.717 5**	**0.2**	—
25. 浮游植物	**1.00**	17.716	71.2	—	**0.446**	**—**	—
26. 碎屑	**1.00**	43	—	—	**0.5841**	**—**	—

注：B 是生物量；P/B 是生产量/生物量；Q/B 是消耗量/生物量；EE 是生态营养效率；P/Q 是生产量/消耗量。

对模型进行敏感性分析表明，模型估计参数对来自同一功能群的输入参数的变化最敏感，对其他功能群输入参数的变动有较强的鲁棒性。当前状态下和中国对虾生物量达到生态容量时，不计同一功能群内的影响，浮游动物 B、Q/B 值的改变对浮游植物 Q/B 值的影响均最大（图 5-1-1）。当前状态下，中国对虾输入参数 B 和 Q/B 值的变动对软体动物和多毛类的 EE 值有影响；达到生态容量时，中国对虾输入参数 B 和 Q/B 值的变动将影

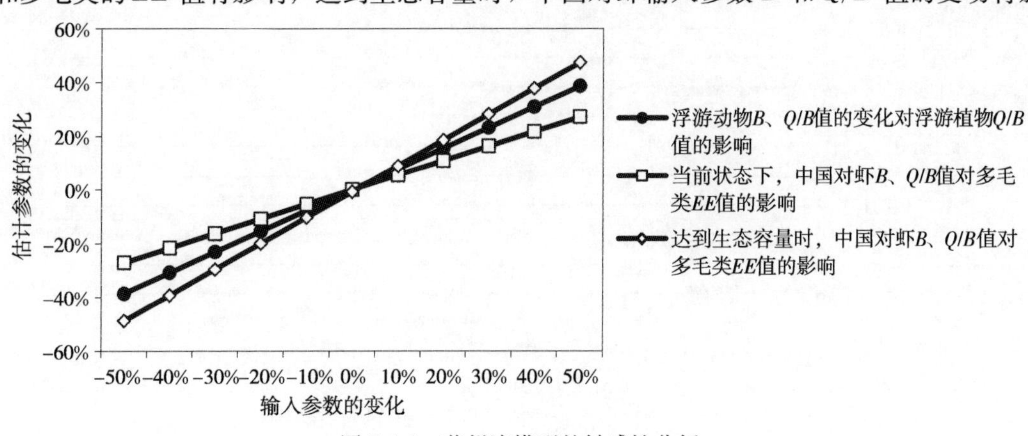

图 5-1-1　莱州湾模型的敏感性分析

响软体动物、多毛类、底栖甲壳类和小型底栖动物的 EE 值，其中对多毛类的 EE 值影响最大（图 5-1-1）。

三、功能群间的营养关系与关键种分析

通过混合营养分析程序（mixed trophic impact analysis，MTI）研究各功能群间的营养相互关系（图 5-1-2）。浮游植物和有机碎屑对大部分功能群有正影响；浮游动物和底栖动物中的软体动物、底栖甲壳类、多毛类受到初级生产者和上层捕食者的双重作用，在能量的有效传递上起着关键作用，对系统的影响较强烈。中国对虾幼虾是多数鱼类的捕食对象，如虾虎鱼类、花鲈幼鱼、其他底层鱼类等均摄食少量中国对虾幼虾，中国对虾对虾虎鱼类有较小的正影响，影响值为 0.09，虾虎鱼类生物量的增加对中国对虾有负影响，影响值为－0.04；其他捕食鱼类对中国对虾的影响相对较小。中国对虾的食物竞争者口虾蛄

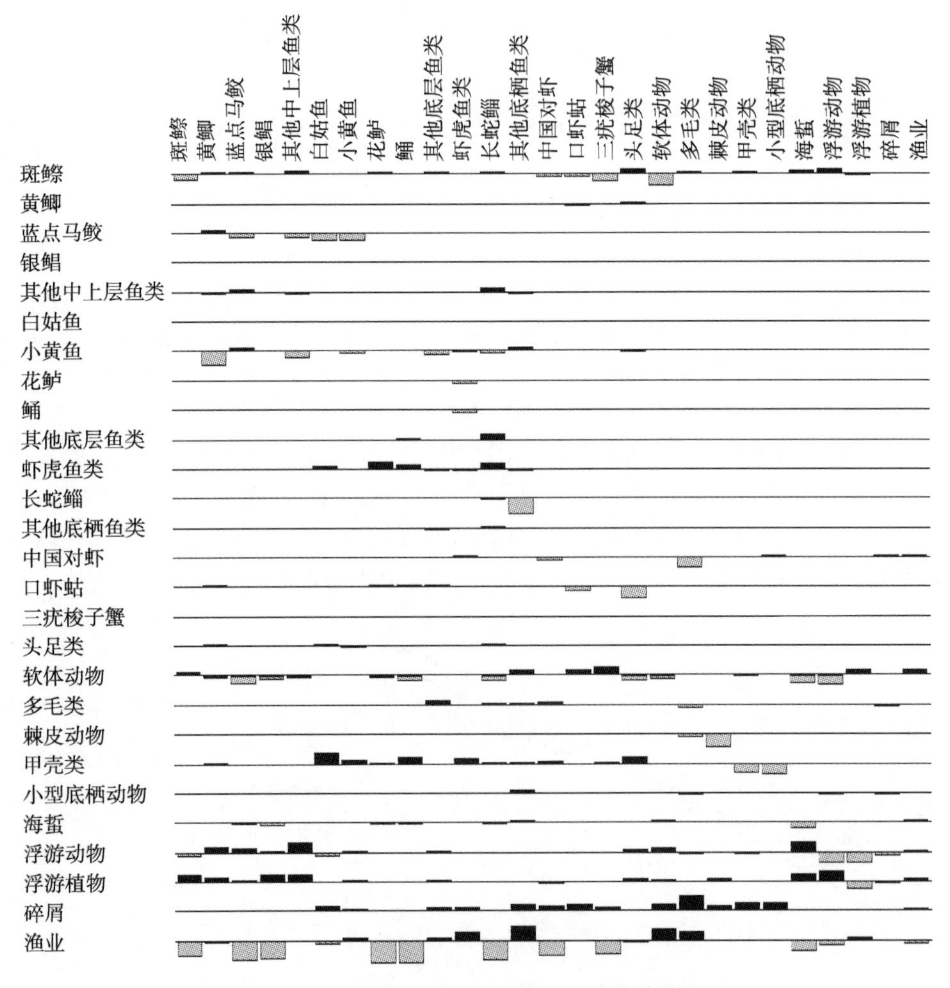

图 5-1-2 莱州湾生态系统功能群间的营养关系图

正影响矩形向上，负影响矩形向下

和三疣梭子蟹与中国对虾之间存在着相互的负影响，中国对虾生物量的增加对口虾蛄和三疣梭子蟹的负影响分别为－0.03、－0.08；口虾蛄和三疣梭子蟹对中国对虾的负影响值均为－0.02；同时中国对虾自相捕食影响值为－0.13。软体动物、底栖甲壳类是中国对虾的主要饵料，它们生物量的增加对中国对虾均有正影响；中国对虾生物量的增加对多毛类的影响显著，影响值为－0.42。渔业捕捞对大部分可捕的渔业功能群有显著负影响，由于营养级联效应，渔业对软体动物有显著正影响。

基于 MTI 分析，Ecopath 模型提供了辨识关键种的方法。生态系统的关键种是生物量相对低且在生态系统和食物网中起着重要作用的生物种类。利用功能群的总体效应（overall effect，ε_i）与关键指数（Keystoneness，KS_i）对应图可以辨识关键种，莱州湾生态系统各功能群按关键指数值递减的顺序排列在图中（图 5-1-3）。关键种对应着较高的 ε_i 和 KS_i（值接近或者大于 0）的功能群。莱州湾生态系统无明显的关键种，依据关键指数和总体效应值，软体动物可列入第 1 组，浮游动物、底栖甲壳类、斑鰶、小黄鱼可归为第 2 组，这几个功能群在莱州湾生态系统中扮演着重要角色。

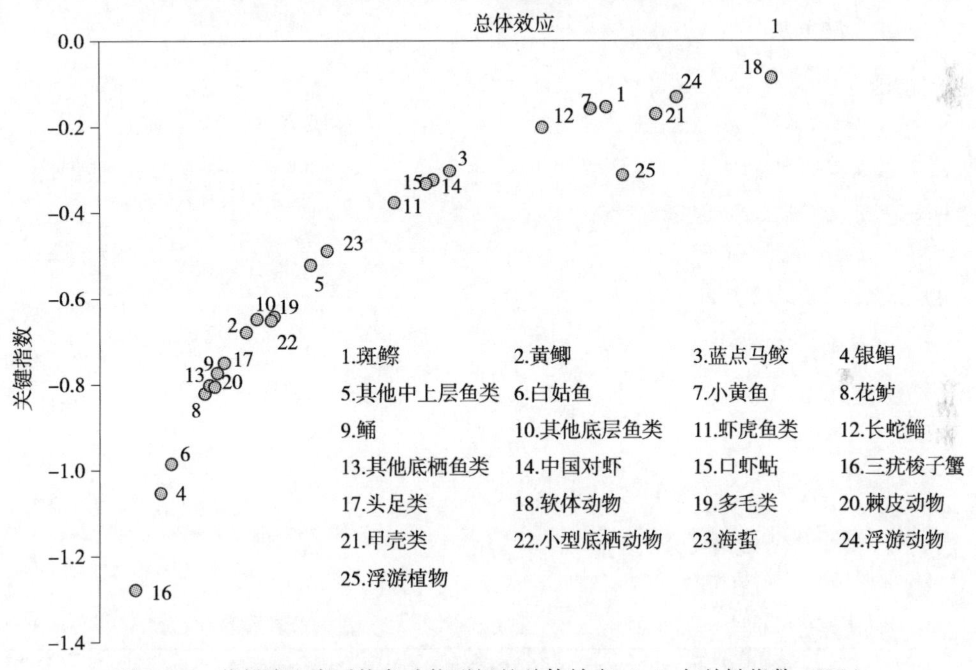

图 5-1-3　莱州湾生态系统各功能群间的总体效应（ε_i）与关键指数（KS_i）

四、生态系统的总体特征

Ecopath 模型的网络分析功能计算的能量流动、稳定性、食物网特征等参数见表 5-1-3。系统总流量（TST）量化总消耗量、总输出量、总呼吸量以及流入碎屑量，反映了系统的规模。系统总流量为 3 618t/（km^2·a），总消耗量为 1 314.32t/（km^2·a），占系统总流量的 36.33%；总呼吸量为 826.97t/（km^2·a），占 22.85%；总流入碎屑量为 1 042.24t/（km^2·a），占 28.81%；总输出量为 434.41t/（km^2·a），占 12.01%。系统的总能量转换效率是 6.2%，来自初级生产者能量流的平均转换效率为 6.6%，而来自碎屑能量流的平均转换效率为5.9%。系统净生产量为434.41t/（km^2·a），总初级生产量是1 261.38t/（km^2·a）。总初级生产量与总呼吸量比（TPP/TR）为1.53，总初级生产量与总生物量比（TPP/B）为24.54。系统的连接指数（CI）和系统杂食指数（SOI）分别为0.29和0.17，循环指数（FCI）为0.07。系统的渔获物平均营养级（TLc）为2.74，总捕捞效率为0.08%。

表5-1-3　莱州湾生态系统的总体特征参数

参数	V1	V2	单位
总消耗量	1 314.32	1 385.19	t/（km^2·a）
总输出量	434.41	427.31	t/（km^2·a）
总呼吸量	826.97	834.07	t/（km^2·a）
流入碎屑总量	1 042.24	1 032.83	t/（km^2·a）
系统总流量	3 618	3 679	t/（km^2·a）
总生产量	1 549	1 573	t/（km^2·a）
渔获物平均营养级（TLc）	2.74	3.08	
总捕捞效率	0.08	0.26	%
总初级生产量	1 261.38	1 261.38	t/（km^2·a）
总初级生产量/总呼吸量（TPP/TR）	1.53	1.51	
净生产量	434.41	427.31	t/（km^2·a）
总初级生产量/总生物量（TPP/B）	24.54	23.26	
总生物量（不计碎屑）	51.39	54.23	t/km^2
连接指数（CI）	0.29	0.29	
系统杂食指数（SOI）	0.17	0.17	
循环指数（FCI）	0.07	0.07	
初级生产者能量流的平均转换效率	6.6	10.7	%
碎屑能量流的平均转换效率	5.9	9.7	%
总能量转换效率	6.2	10.2	%

注：V1代表当前的系统状态；V2代表放流中国对虾达到生态容量时的系统特征。

五、中国对虾的增殖生态容量

当前莱州湾海域中国对虾生物量是0.114 3t/km^2，根据本研究对增殖生态容量的计算方法，大量放流中国对虾，势必将加大对饵料生物（甲壳类和软体动物）的摄食压力；当中国对虾生物量超过2.948 9t/km^2时，首先甲壳类功能群$EE \geq 1$，随后软体动物功能群也将$EE > 1$（表5-1-4），模型将失去平衡。因此，莱州湾海域能够支撑2.948 9t/km^2的中国对虾，而且不会改变系统其他组成的生物量与流动。对比当前状态与放流中国对虾至增殖生态容量时莱州湾生态系统的总体特征参数（表5-1-4），大部分特征参数变化不大或基本一致，如系统总流量增加1.69%，由3 618t/（km^2·a）增加到3 679t/（km^2·a）；总初级生产量前后基本一致；系统其他能流与生态系统指数也基本差别不大，未影响到水域系统的生态稳定性，由此确定莱州湾中国对虾的增殖生态容量为2.948 9t/km^2。

甲壳类与软体动物是中国对虾的主要饵料，是决定莱州湾海域中国对虾增殖生态容量的主要限制性因素，两者生物量轻微的改变均将导致系统状态发生变化而不平衡（表5-1-5）。7个功能群的任意一个生物量减半，12个功能群的任意一个生物量加倍，或者2个初级生产者功能群的生物量变为10倍、100倍，模型仍然保持平衡（表5-1-5）。在系统达到增殖生态容量时，26个功能群中，16个功能群的生物量能够抵制干扰，保持模型平衡；碎屑、棘皮动物、浮游植物功能群在抗扰动方面具有较强的鲁棒性。

表5-1-4　中国对虾增殖生态容量估计过程中莱州湾生态系统模型的变动情况

倍数	*B*（t/km^2）	捕捞量（t/km^2）	模型的变动
1（当前的状态）	0.114 3	0.093 2	
2	0.228 6	0.186 4	平衡
10	1.143	0.932	平衡
20	2.286	1.864	平衡
25	2.857 5	2.33	平衡
25.8	**2.948 9**	2.404 6	平衡
25.9	2.960 4	2.413 9	甲壳类 *EE*=1
26	2.971 8	2.423 2	甲壳类 *EE*=1.002
30	3.429	2.796	甲壳类 *EE*=1.0998
40	4.572	3.728	软体动物 *EE*=1.1834，甲壳类 *EE*=1.3432

注：黑体数字为中国对虾增殖生态容量。*B* 为生物量，下同。

表5-1-5　中国对虾生物量达到生态容量时的鲁棒性检验

功能群	=0.01×*B*	=0.1×*B*	=0.5×*B*	（生态容量）*B*（t/km^2）	=2×*B*	=10×*B*	=100×*B*
1. 斑鰶	*0.012 334*	*0.123 34*	**0.616 7**	**1.233 4**	*2.466 8*	*12.334*	*123.34*
2. 黄鲫	*0.000 642*	*0.006 42*	*0.032 1*	**0.064 2**	*0.128 4*	*0.642*	*6.42*
3. 蓝点马鲛	*0.000 403*	*0.004 03*	*0.020 15*	**0.0403**	*0.080 6*	*0.403*	*4.03*
4. 银鲳	*0.000 255*	*0.002 55*	*0.012 75*	**0.025 5**	**0.051**	*0.255*	*2.55*
5. 其他中上层鱼类	*0.000 738*	*0.007 38*	*0.036 9*	**0.073 8**	**0.147 6**	*0.738*	*7.38*
6. 白姑鱼	*0.000 017*	*0.000 17*	*0.000 85*	**0.001 7**	**0.003 4**	*0.017*	*0.17*
7. 小黄鱼	*0.001 139*	*0.011 39*	*0.056 95*	**0.113 9**	*0.227 8*	*1.139*	*11.39*
8. 花鲈	*0.000 018*	*0.000 18*	*0.000 9*	**0.001 8**	*0.003 6*	*0.018*	*0.18*
9. 鲬	*0.000 034*	*0.000 34*	*0.001 7*	**0.003 4**	*0.006 8*	*0.034*	*0.34*
10. 其他底层鱼类	*0.000 078*	*0.000 78*	*0.003 9*	**0.007 8**	**0.015 6**	*0.078*	*0.78*

（续）

功能群	=0.01×*B*	=0.1×*B*	=0.5×*B*	（生态容量）*B*（t/km²）	=2×*B*	=10×*B*	=100×*B*
11. 虾虎鱼类	*0.000 094*	*0.000 94*	*0.004 7*	**0.009 4**	*0.018 8*	*0.094*	*0.94*
12. 长蛇鲻	*0.000 012*	*0.000 12*	**0.000 6**	**0.001 2**	*0.002 4*	*0.012*	*0.12*
13. 其他底栖鱼类	*0.000 034*	*0.000 34*	**0.001 7**	**0.003 4**	*0.006 8*	*0.034*	*0.34*
14. 中国对虾	**0.029 489**	**0.294 89**	**1.474 45**	**2.948 9**	*5.897 8*	*29.489*	*294.89*
15. 口虾蛄	*0.000 385*	*0.003 85*	*0.019 25*	**0.038 5**	*0.077*	*0.385*	*3.85*
16. 三疣梭子蟹	*0.000 1*	*0.001*	*0.005*	**0.01**	**0.02**	*0.1*	*1*
17. 头足类	*0.000 298*	*0.002 98*	*0.014 9*	**0.029 8**	*0.059 6*	*0.298*	*2.98*
18. 软体动物	*0.077*	*0.77*	*3.85*	**7.7**	*15.4*	*77*	*770*
19. 多毛类	*0.045*	*0.45*	**2.25**	**4.5**	*9*	*45*	*450*
20. 棘皮动物	*0.026*	**0.26**	**1.3**	**2.6**	**5.2**	**26**	*260*
21. 底栖甲壳类	*0.074 77*	*0.747 7*	*3.738 5*	**7.477**	*14.954*	*74.77*	*747.7*
22. 小型底栖动物	*0.046 05*	*0.460 5*	*2.302 5*	**4.605**	**9.21**	*46.05*	*460.5*
23. 海蜇	*0.000 688*	*0.006 88*	*0.034 4*	**0.068 8**	**0.137 6**	*0.688*	*6.88*
24. 浮游动物	*0.049 542*	*0.495 42*	*2.477 1*	**4.954 2**	**9.908 4**	*49.542*	*495.42*
25. 浮游植物	*0.177 16*	*1.771 6*	*8.858*	**17.716**	**35.432**	**177.16**	**1 771.6**
26. 碎屑	**0.43**	**4.3**	**21.5**	**43**	**86**	**430**	**4 300**

注：每个功能群的生物量均乘以因子 0.01、0.1、0.5、2、10 以及 100，一次仅改变 1 种功能群的生物量值，其他生物量保持不变。斜体数值指模型变得不平衡，功能群具有较低的鲁棒性；粗体数值指模型仍然平衡，功能群具有较高的鲁棒性。

研究表明，中国对虾并不是目前该生态系统的关键种或者重要的功能群，生物量也仅占系统总生物量的 0.22%。营养关系分析显示，由于渔业资源的衰退，中国对虾生物量的增加除对较低营养级的多毛类功能群影响较大、对捕食鱼类如虾虎鱼类有正影响外，对其他功能群的影响较小。目前莱州湾生态系统浮游植物生物量与初级生产力水平较 20 世纪 80 年代有所增加，河流径流带来丰富的泥沙沉积，其底栖生物较丰富。莱州湾中国对虾没有出现饵料受限的情况，此海域中国对虾的增殖放流有较大的潜力，在生物量小于或者达到增殖生态容量的情况下，均不会影响生态系统的结构和功能状态（表 5-1-3）。放流中国对虾至增殖生态容量时，系统总生物量由 51.39t/km² 增加至 54.23t/km²，增加了渔业资源群体数量。同时，系统的能量转换效率有明显的增加，由 6.2%增至 10.2%，有效地提高了莱州湾海域基础生产力的利用率；相应地，中国对虾捕捞产量的增加，渔获物的平均营养级有所增加，提高了系统的总捕捞效率；系统的稳定性和成熟度也相应有所增加。

历史上渤海秋汛中国对虾最高产量 4.1 万 t，假设莱州湾占 40%，莱州湾秋汛中国对虾的最高产量为 16 400t；依据现有生物量与捕捞量比例，中国对虾达到增殖生态容量时，捕捞产量为 2.404 6t/km² 或 16 750t，稍高于历史上的最高产量。开捕时间为 8 月 20 日，根据生物学测定，此时中国对虾的平均体重约为 34.6g，假定此时的中国对虾达到增殖生态容量 2.948 9t/km²或 20 542t，换算为尾数约为 5.94 亿尾。根据死亡率回推放流尾数，3cm 种苗放流开始至开捕前的死亡率合计 56.8%，则放流 3cm 苗种约需 14 亿尾；暂养过程中 1cm 虾苗生长到 3cm 虾苗的平均死亡率为 40%，则 1cm 苗种约需 23 亿尾，但这仅仅是一个理论上限，并没有考虑同生态位物种的食物、空间等竞争，建议在实际应用中作为参考值。

第二节　渤海中国对虾增殖生态容量评估

20 世纪 80 年代，渤海开始中国对虾的大规模增殖放流，至今，其资源量仍尚未恢复。既能保证增殖放流效果，又能维持生态系统结构和功能的稳定，需要掌握生态系统的总体能量流动特征、营养关系、放流种类的生态容量等（Blankenship，1995；Lorenzen et al.，2010）。本节依据 1982 年和 2014—2015 年渤海的渔业资源调查数据，构建了 2 个时期的渤海 Ecopath 模型，分析了渤海生态系统的营养相互关系、结构和功能特征，计算了不同时期渤海中国对虾的增殖生态容量。

一、数据来源及功能群划分

依据生物种类间的栖息地特征、生态学特征、简化食物网的研究策略（唐启升，1999）以及评估中国对虾生态容量的研究目的，将渤海生态系统划分为 19～20 个功能群，包括重要渔业种群、中国对虾、中国对虾的食物竞争者和敌害生物，也包括有机碎屑、浮游植物、浮游动物、大型底栖动物、小型底栖动物等（表 5-2-1），基本涵盖了渤海生态系统生物能量流动的组成成分。生物量、生产量和其他能量流动以湿重（t/km²）表示。

表 5-2-1　渤海生态系统模型功能群的定义

编号	功能群	组成
1	鳀	鳀
2	黄鲫	黄鲫
3	蓝点马鲛	蓝点马鲛
4	其他中上层鱼类	鳀科、鲱科、银鲳
5	花鲈	花鲈
6	其他底层鱼类	带鱼科、大泷六线鱼、白姑鱼、鲬、鲀科、其他石首鱼科、绿鳍马面鲀、小黄鱼、鲷科、绵鳚科等
7	虾虎鱼类	矛尾虾虎鱼、六丝钝尾虾虎鱼、矛尾复虾虎鱼、中华栉孔虾虎鱼、红狼牙虾虎鱼等
8	其他底栖鱼类	许氏平鲉、细纹狮子鱼、黄鮟鱇、鲆科、鲽科、舌鳎科等
9	中国对虾	中国对虾
10	口虾蛄	口虾蛄

（续）

编号	功能群	组成
11	三疣梭子蟹	三疣梭子蟹
12	头足类	日本枪乌贼、双喙耳乌贼、长蛸、短蛸等
13	软体动物	双壳类、腹足类
14	多毛类	多毛类
15	棘皮动物	棘皮动物
16	底栖甲壳类	葛氏长臂虾、脊腹褐虾、脊尾白虾、鹰爪虾、日本鼓虾、鲜明鼓虾、中国毛虾、日本蟳、泥脚隆背蟹、日本关公蟹、双斑蟳、短尾类幼体、长尾类幼体等
17	小型底栖动物	介形类、涟虫、端足类、线虫、底栖桡足类、小型多毛类、小型双壳类、动吻类、涡虫、异足类、等足类等
18	浮游动物	真刺唇角水蚤、强壮箭虫、中华哲水蚤、墨氏胸刺水蚤、小拟哲水蚤等
19	浮游植物	硅藻、甲藻等
20	碎屑	

数据来自中国水产科学研究院黄海水产研究所 1982 年 2 月、5 月、8 月、10 月和 2014 年 10 月以及 2015 年 2 月、5 月、8 月渤海渔业资源与环境调查，调查网具除网口周长有所不同（1982 年为 600 目、2014—2015 年为 1 740 目），其他参数均相同，网口高 6m、宽 22.6m，网目 63mm，囊网网目 20mm，拖速大约 3n mile/h，所有调查数据均进行了标准化处理。对渔获物进行生物学测定和胃含物分析，鱼类、大型无脊椎动物的生物量通过扫海面积法（Gulland，1965）计算得出，浮游植物生物量由叶绿素 a 换算得出（Bundy，2004；Lü et al.，2009），浮游动物生物量根据浮游动物大网采集数据，依据重量法计算得出。底栖动物利用箱式采泥器采样，大型底栖动物依据称重法测定生物量，小型底栖动物依据体积换算法（张青田等，2011）测定生物量。碎屑量根据碎屑和初级生产力的经验公式计算（Christensen，1993）。鱼类 P/B 值、Q/B 值利用经验公式计算得出，其他功能群种类的 P/B、Q/B 值，以及其他未知参数等主要参考邻近水域模型（林群等，2009，2012）。食性分析矩阵依据胃含物分析研究结果及已有的参考文献。捕捞量数据参考《中国渔业统计年鉴》(1982 年，2014 年，2015 年)、捕捞信息动态采集网络以及渔民调研。*EE* 值是较难获得的参数，由模型估算得出。

二、模型参数质量与基本输出

Ecopath 模型利用 Pedigree 指数分析数据来源和模型质量，2 个时期模型的 Pedigree 指数（Christensen et al.，2004）分别为 0.495、0.507，均处于较合理范围，模型可信度较高。在系统的平衡过程中，微调输入的参数，同时进行了模型敏感度分析，2 个模型的敏感度均在±20%范围内，通过鲁棒性检验。调试平衡的渤海 Ecopath 模型功能群的 *EE* 值均小于 1，模型的输入参数和输出结果如表 5-2-2 所示，1982 年和 2014—2015 年，中国对虾的营养级分别为 3.11、3.22，生态营养效率分别为 0.743、0.898。

表 5-2-2　渤海 Ecopath 模型的基本输入参数和估计参数

	功能群	营养级	生物量（t/km²）	*P/B*	*Q/B*	*EE*
1982 年	1. 鳀	**3.23**	0.184	3.004	9.700	**0.982**
	2. 黄鲫	**3.18**	0.349	1.697	5.500	**0.910**
	3. 蓝点马鲛	**4.29**	0.0815	0.650	5.800	**0.961**
	4. 其他中上层鱼类	**3.14**	0.651	1.420	6.900	**0.950**
	5. 花鲈	**4.10**	0.0443	1.058	5.290	**0.64**
	6. 其他底层鱼类	**3.64**	0.453	1.179	4.950	**0.929**
	7. 虾虎鱼类	**3.47**	0.0309	1.59	4.700	**0.862**
	8. 其他底栖鱼类	**3.58**	0.185	0.958	4.933	**0.854**
	9. 中国对虾	**3.11**	0.0113	8.50	25.00	**0.743**
	10. 口虾蛄	**3.15**	0.0654	8.00	28.90	**0.944**
	11. 三疣梭子蟹	**3.36**	0.084	3.50	11.00	**0.729**
	12. 头足类	**3.42**	0.158	3.70	18.50	**0.806**
	13. 软体动物	**2.14**	13.37	6.00	27.00	**0.429**
	14. 多毛类	**2.10**	4.290	2.00	27.80	**0.366**
	15. 棘皮动物	**2.33**	4.470	1.20	3.58	**0.250**
	16. 底栖甲壳类	**2.46**	4.700	5.65	26.90	**0.738**
	17. 小型底栖动物	**2.00**	5.095	9.00	33.00	**0.69**
	18. 浮游动物	**2.00**	2.805	25.00	125.00	**0.58**
	19. 浮游植物	**1.00**	6.676	250.00	—	**0.265**
	20. 碎屑	**1.00**	13.00	—	—	**0.398**
2014—2015 年	1. 鳀	**3.15**	0.092	3.004	9.700	**0.816**
	2. 黄鲫	**3.23**	0.124	1.697	5.500	**0.564**
	3. 蓝点马鲛	**4.11**	0.012	0.650	5.800	**0.641**
	4. 其他中上层鱼类	**3.14**	0.152	1.420	6.900	**0.950**
	5. 底层鱼类	**3.35**	0.0121	1.179	4.950	**0.944**
	6. 虾虎鱼类	**3.49**	0.0157	1.590	4.700	**0.471**
	7. 其他底栖鱼类	**3.45**	0.0051	0.958	4.933	**0.614**
	8. 中国对虾	**3.22**	0.0012	8.500	25.00	**0.898**
	9. 口虾蛄	**3.08**	0.0295	8.000	28.90	**0.865**
	10. 三疣梭子蟹	**3.32**	0.004	3.500	11.00	**0.73**
	11. 头足类	**3.31**	0.0172	3.700	18.50	**0.941**
	12. 软体动物	**2.33**	8.000	6.000	27.00	**0.407**
	13. 多毛类	**2.00**	4.500	2.000	27.80	**0.535**
	14. 棘皮动物	**2.33**	2.600	1.200	3.580	**0.163**

（续）

	功能群	营养级	生物量（t/km²）	*P*/*B*	*Q*/*B*	*EE*
2014—2015 年	15. 底栖甲壳类	**2.29**	6.400	5.650	26.90	**0.296**
	16. 小型底栖动物	**2.08**	2.070	9.000	33.00	**0.257**
	17. 浮游动物	**2.00**	4.950	25.00	125.00	**0.680**
	18. 浮游植物	**1.00**	19.270	250.00	—	**0.113**
	19. 碎屑	**1.00**	45.00	—	—	**0.122**

注：*P*/*B* 是生产量/生物量；*Q*/*B* 是消耗量/生物量；*EE* 是生态营养效率。

三、营养相互关系与关键种分析

MTI 分析是分析生态系统内部不同种群间营养关系的有效方法，渤海功能群间的营养相互关系利用 MTI 分析获得，中国对虾的食物竞争者、主要饵料生物和敌害生物等之间的营养关系在营养关系分析中可直观显示（图 5-2-1）。1982 年，中国对虾生物量的增加对虾虎鱼类、花鲈产生正影响，影响值分别为 0.074 2、0.054 4；对多毛类、软体动物和甲壳类产生负影响，影响值分别为－0.020 7、－0.002、－0.000 7。虾虎鱼类、花鲈、三疣梭子蟹、口虾蛄生物量的增加对中国对虾有负影响（－0.197、－0.119、－0.014 5、－0.005 2）。2014—2015 年，中国对虾生物量的增加对虾虎鱼类、其他底栖鱼类产生正影响，影响值分别为 0.085、0.004 2；对口虾蛄、多毛类、三疣梭子蟹和甲壳类产生较小

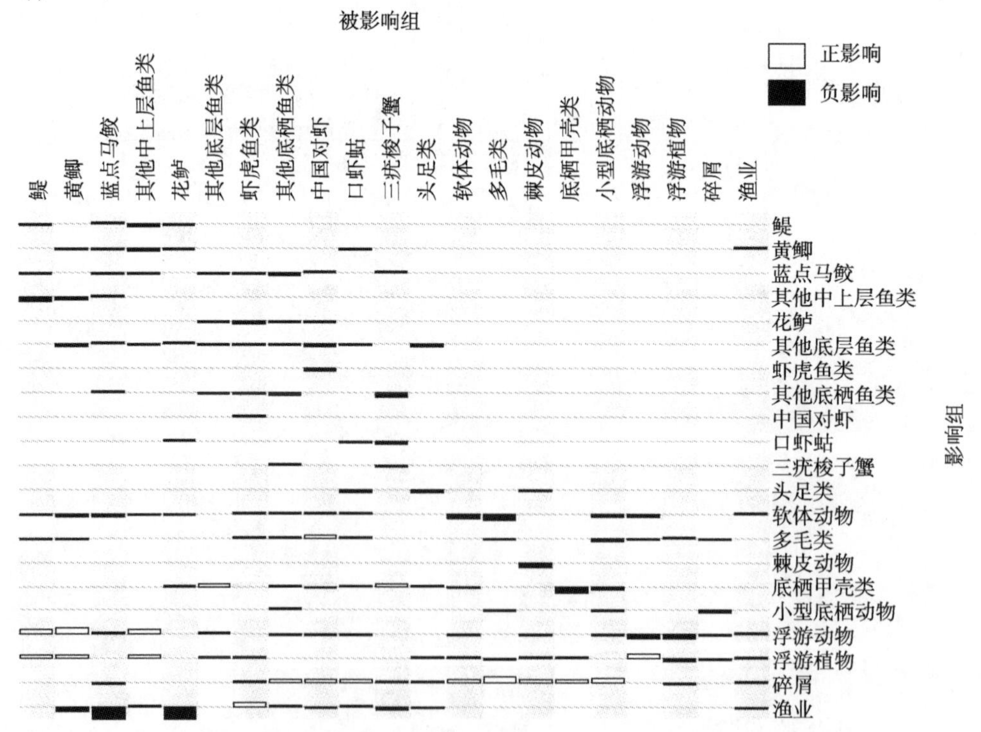

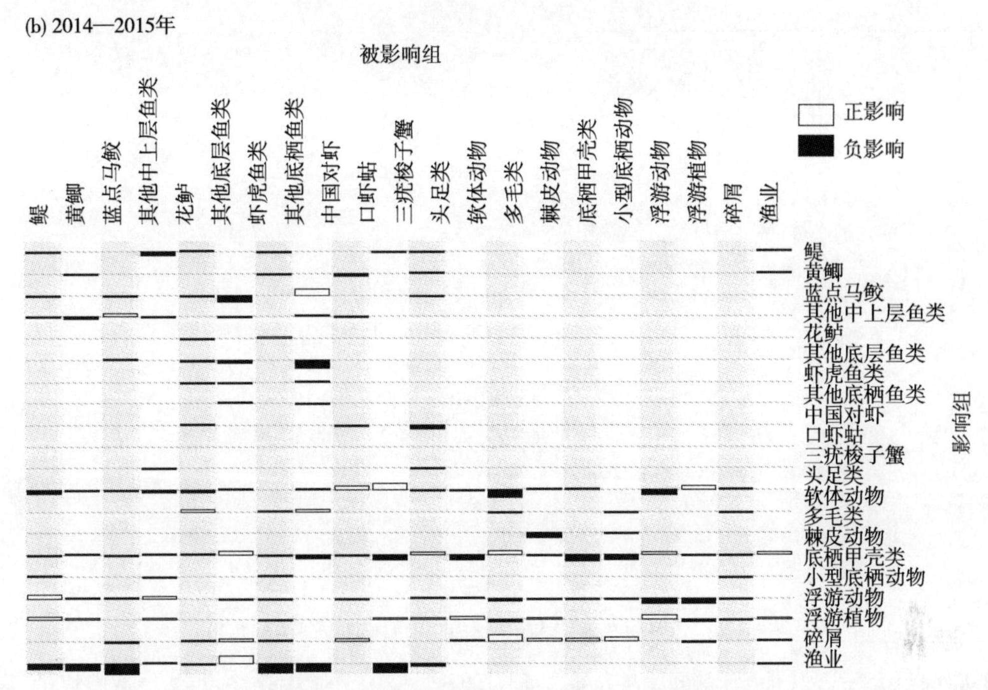

图 5-2-1　渤海生态系统功能群间的营养关系（功能群名见图 5-2-2）

负影响，分别为−0.002、−0.001 2、−0.000 5、−0.000 5。虾虎鱼类生物量的增加对中国对虾有较大负影响（−0.673）。由于营养级联效应，中国对虾与其他的渔业捕捞功能群存在或多或少间接的影响。

渤海生态系统各功能群按关键指数值排列，见图 5-2-2。关键种对应有较高的总体效应、较高的关键指数（值接近或者大于 0）的功能群。依据关键指数和总体效应，1982 年，浮游动物是渤海生态系统的重要种类，列入第 1 组；软体动物、浮游植物列入第 2

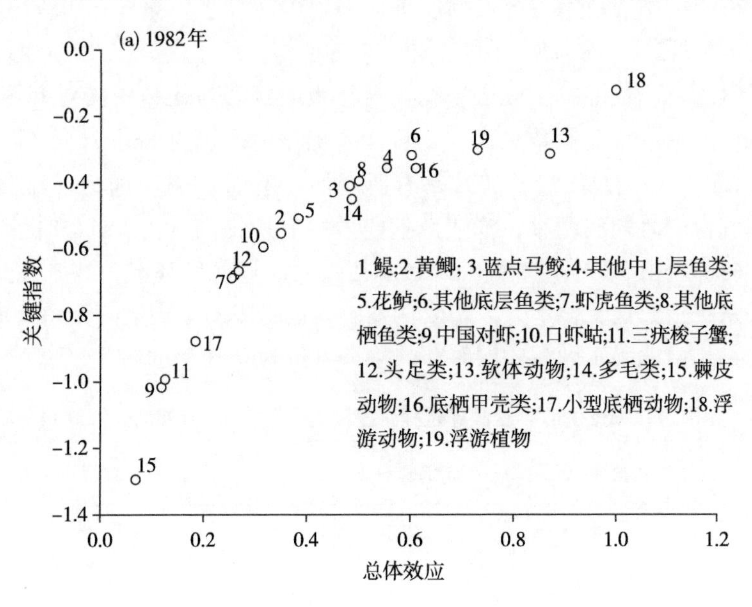

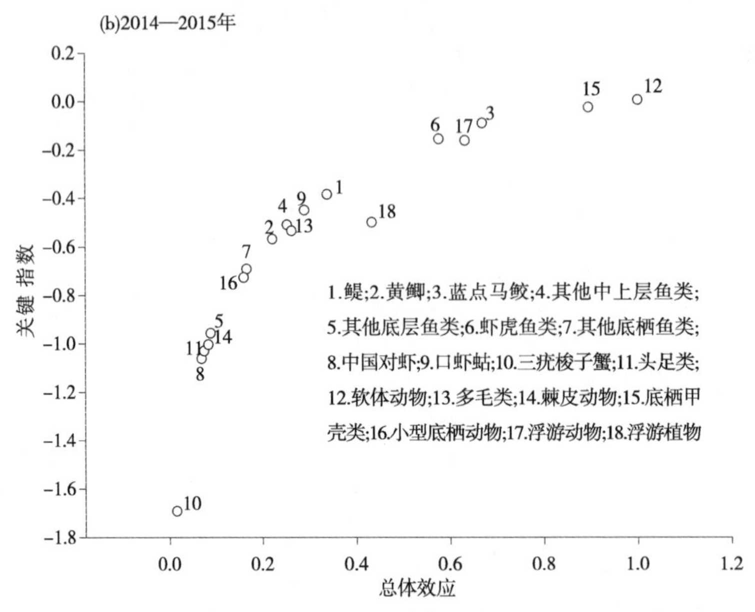

图 5-2-2　渤海生态系统各功能群间的总体效应与关键指数

组；底栖甲壳类、其他底层鱼类列入第 3 组。2014—2015 年，软体动物、底栖甲壳类列入第 1 组；蓝点马鲛、浮游动物、虾虎鱼类列入第 2 组；浮游植物列入第 3 组。这几个功能群在渤海海域生态系统中扮演着重要角色。

四、中国对虾的增殖生态容量

在 1982 年和 2014—2015 年 Ecopath 模型基础上，分别评估了中国对虾的增殖生态容量。1982 年中国对虾现存生物量是 0.011 3t/km^2，当年 5 月中国对虾生物量是 0.001 7t/km^2。基于 Ecopath 模型估算增殖生态容量的原理，当中国对虾生物量超过 0.810t/km^{2}时，首先多毛类功能群 $EE \geqslant 1$，随后底栖甲壳类功能群也将 $EE > 1$（表 5-2-3），首先加大了对饵料生物的摄食压力，最终模型失去平衡。对比当前状态与放流中国对虾至 0.810t/km^2 时渤海生态系统的总体特征参数（表 5-2-4），系统净生产量由 882.76t/（km^2 · a）降低为 873.67t/（km^2 · a）；总能量转换效率有所增加，由 8.90%增加为 9.80%，有效地提高了该海域基础生产力的利用率；渔业总捕捞效率有所提高，由0.000 8提高到 0.001 5，渔获物的平均营养级由 2.92 增加到 3.00；总初级生产量前后基本一致，无变化；系统其他能流与生态系统指数也变化不大，未改变系统其他组成的生物量与流动，未影响水域系统的生态稳定性，由此确定渤海中国对虾的生态容量为 0.810t/km^2。

表 5-2-3　中国对虾增殖生态容量估算过程中模型的变动情况（1982 年和 2014—2015 年）

倍数	生物量（t/km^2）	捕捞量（t/km^2）	模型的变动
1（当前）	0.011 3	0.015	1982 年
2	0.022 6	0.03	平衡

（续）

倍数	生物量（t/km²）	捕捞量（t/km²）	模型的变动
10	0.113	0.15	平衡
20	0.226	0.3	平衡
70	0.791	1.05	平衡
71.68	0.810	1.075	平衡
71.77	0.811	1.076	多毛类 *EE*=1
152.2	1.72	2.283	底栖甲壳类 *EE*=1.001，多毛类 *EE*=1.721
1（当前）	0.001 2	0.001	2014—2015 年
2	0.002 4	0.002	平衡
10	0.012	0.01	平衡
20	0.024	0.02	平衡
100	0.12	0.1	平衡
500	0.60	0.5	平衡
585	0.702	0.585	平衡
585.8	0.703	0.586	多毛类 *EE*=1
2 300	2.76	2.3	软体动物 *EE*=1.001，多毛类 *EE*=2.362

注：下划线数字为中国对虾增殖生态容量。

2014—2015 年中国对虾生物量是 0.001 2t/km²，2015 年 5 月未捕获中国对虾。大量放流中国对虾，当中国对虾生物量超过 0.702t/km²时，首先多毛类功能群 *EE*≥1，随后软体动物功能群 *EE*>1（表 5-2-3），模型将失去平衡。对比当前状态与放流中国对虾生物量至 0.702t/km² 时渤海生态系统的总体特征参数（表 5-2-4），系统净生产量由 3 922.88t/（km²·a）降低为 3 914.88t/（km²·a）；总能量转换效率有所增加，由 5.10%增加为 7.60%，有效地提高了该海域基础生产力的利用率；渔业总捕捞效率有所提高，由 0.000 18 提高到 0.000 31，渔获物的平均营养级由 2.68 提高到 2.90；总初级生产量前后基本一致，无变化；系统其他能流与生态系统指数也基本变化不大，未影响到水域系统的生态稳定性，由此确定渤海中国对虾的增殖生态容量为 0.702t/km²。

表 5-2-4　渤海生态系统的总体特征参数及变化

参数	1982 年（V1）	1982 年（V1′）	2014—2015 年（V2）	2014—2015 年（V2′）	单位
总消耗量	1 159.66	1 179.63	1 213.72	1 231.24	t/（km²·a）
总输出量	882.77	873.69	3 922.88	3 914.88	t/（km²·a）
总呼吸量	786.25	795.33	894.61	902.62	t/（km²·a）
流入碎屑总量	1 465.05	1 456.18	4 467.43	4 458.84	t/（km²·a）
系统总流量（TST）	4 294.00	4 305.00	10 499.00	10 508.00	t/（km²·a）

（续）

参数	1982年（V1）	1982年（V1′）	2014—2015年（V2）	2014—2015年（V2′）	单位
总生产量	1 912.00	1 919.00	5 057.00	5 063.00	t/（km^2·a）
渔获物的平均营养级	2.92	3.00	2.68	2.90	
总捕捞效率	0.000 8	0.001 5	0.000 18	0.000 31	
总初级生产量	1 669.00	1 669.00	4 817.50	4 817.50	t/（km^2·a）
总初级生产量/总呼吸（TPP/TR）	2.12	2.09	5.38	5.38	
净生产量	882.76	873.67	3 922.88	3 914.88	t/（km^2·a）
总初级生产量/总生物量（TPP/B）	38.19	37.50	99.83	98.41	
总生物量（不计碎屑）	43.70	44.50	48.25	48.95	t/（km^2·a）
连接指数（CI）	0.35	0.35	0.33	0.33	
系统杂食系数（SOI）	0.15	0.15	0.14	0.13	
总能量转换效率	8.90	9.80	5.10	7.60	%

注：V1，V2：当前的系统状态；V1′，V2′：放流中国对虾达到生态容量时的状态。

以1982年和2014—2015年的Ecopath模型为基础，估算的中国对虾的增殖生态容量为0.810t/km^{2}和0.702t/km^2，与中国对虾现存生物量相比，渤海中国对虾有较大的增殖空间。受渤海生态系统退化的影响，2014—2015年中国对虾生态容量较1982年有所降低。历史上渤海秋汛中国对虾最高产量为4.1万t；按渤海海域面积77 000 km^{2}计算，依据现有生物量与捕捞量比例，中国对虾达到生态容量时，1982年和2014—2015年的捕捞产量分别为1.075t/km^{2}或82 775t、0.585t/km^{2}或45 045t，模型估算的两个时期中国对虾生态容量值对应的捕捞产量将超过历史最高产量。上述方法估算的生态容量是从生态效益的角度考虑，是一个理论上限，依据渔业生产管理中采用的最大可持续产量（MSY）理论，最大生态容量值减半时，放流种群将获得较高生长率，因此中国对虾的增殖放流需同时兼顾生态、经济、社会效益。

中国对虾未成为渤海生态系统的关键种或者重要的功能群，其生物量的增加对食物竞争者（口虾蛄、三疣梭子蟹）、主要饵料生物（多毛类、软体动物、底栖甲壳类）有负影响，虾虎鱼类、花鲈幼鱼等均摄食少量中国对虾幼虾（唐启升等，1997），花鲈、虾虎鱼类等生物量的增加对中国对虾产生负影响。2014—2015年的软体动物、底栖甲壳类，以及1982年的浮游动物分别处于渤海生态系统的营养重要位置；从营养关系的角度来看，中国对虾的增殖放流需兼顾生态系统间的营养平衡。

主要参考文献

陈作志，邱永松，贾晓平，2007. 基于生态通道模型的北部湾渔业管理策略的评价［J］. 生态学报，27（6）：2334-2341.

陈作志，邱永松，贾晓平，等，2008. 捕捞对北部湾海洋生态系统的影响［J］. 应用生态学报，19（7）：1604-1610.

陈作志，徐姗楠，林昭进，等，2009. 北部湾生态通道模型和保护区效应的模拟［J］. 中山大学学报，48（4）：89-94.

程家骅，张秋华，李圣法，等，2006. 东黄海渔业资源利用［M］. 上海：上海科学技术出版社.

单秀娟，金显仕，李忠义，等，2012. 渤海鱼类群落结构及其主要增殖放流鱼类的资源量变化［J］. 渔业科学进展，33（6）：1-9.

邓景耀，金显仕，2000. 莱州湾及黄河口水域渔业生物多样性及其保护研究［J］. 动物学研究，21（1）：76-82.

邓景耀，孟田湘，任胜民，1988. 渤海鱼类的食物关系［J］. 海洋水产研究（9）：151-172.

邓景耀，孟田湘，任胜民，1986. 渤海鱼类食物关系的初步研究［J］. 生态学报，6（4）：356-364.

邓景耀，庄志猛，2000. 渤海对虾补充量变动原因的分析及对策研究［J］. 中国水产科学，7（4）：125-128.

邓景耀，任胜民，朱金声，1996. 中国对虾苗种放流规格试验［J］. 水产学报，20（2）：188-191.

邓景耀，叶昌臣，刘永昌，1990. 渤黄海的对虾及其资源管理［M］. 北京：海洋出版社：104-120.

邓景耀，1997. 对虾放流增殖的研究［J］. 海洋渔业，1：1-6.

邓景耀，1998. 对虾渔业生物学研究现状［J］. 生命科学，10（4）：191-194，197.

董双林，李德尚，潘克厚，1998. 论海水养殖的养殖容量［J］. 青岛海洋大学学报，28（2）：253-258.

樊宁臣，俞关良，戴芳钰，1989. 渤海对虾放流增殖的研究［J］. 海洋水产研究，10：27-36.

方国洪，王凯，郭丰义，等，2002. 近30年渤海水文和气象状况的长期变化及其相互关系［J］. 海洋与湖沼，33（5）：515-525.

房恩军，于洁，李文雯，等，2011. 渤海湾浮性鱼卵和仔稚幼鱼种类组成及数量分布［J］. 中国水产，11：60-62.

葛宝明，鲍毅新，郑祥，2004. 生态学中关键种的研究综述［J］. 生态学杂志，23（6）：102-106.

郭旭鹏，金显仕，戴芳群，2006. 渤海小黄鱼生长特征的变化［J］. 中国水产科学，13（2）：243-249.

江红，2008. 东海渔业生态系统及其保护区情景模拟分析［D］. 上海：华东师范大学.

江红，程和琴，Francisco Arreguín-Sánchez，2010. 多准则渔业管理政策优选研究——以东海为例［J］. 资源科学，32（4）：612-619.

金显仕，2001. 渤海主要渔业生物资源变动的研究［J］. 中国水产科学，7（4）：22-26.

金显仕，2003. 山东半岛南部水域春季游泳动物群落结构的变化［J］. 水产学报，27（1）：19-24.

金显仕，程济生，邱盛尧，等，2006. 黄渤海渔业资源综合研究与评价［M］. 北京：海洋出版社.

金显仕，邓景耀，2000. 莱州湾渔业资源群落结构和生物多样性的变化［J］. 生物多样性，8（1）：65-72.

金显仕，邱盛尧，柳学周，等，2014. 黄渤海渔业资源增殖基础与前景［M］. 北京：科学出版社.
李德尚，熊邦喜，李琪，等，1994. 水库对投饵网箱养鱼的负荷力［J］. 水生生物学报，18（3）：223-229.
李继龙，王国伟，杨文波，等，2009. 国外渔业资源增殖放流状况及其对我国的启示［J］. 中国渔业经济，3（27）：111-123.
李岚，2008. 大亚湾海域 Ecopath 生态系统模型的建立和动态模拟［D］. 广州：中山大学.
李庆彪，1985. 逻辑斯谛公式与浅海增养殖［J］. 海洋湖沼通报，2：37-43.
李文抗，刘克明，苗军，等，2009. 中国明对虾增殖放流技术探讨［J］. 中国渔业经济（27）：59-63.
李秀梅，叶振江，李增光，等，2016. 黄海中部近岸产卵场日本鳀卵子大小的时空变化［J］. 中国海洋大学学报（自然科学版），46（2）：54-60.
李永刚，汪振华，章守宇，2007. 嵊泗人工鱼礁海区生态系统能量流动模型初探［J］. 海洋渔业，29（3）：226-234.
李云凯，宋兵，陈勇，等，2009. 太湖生态系统发育的 Ecopath with Ecosim 动态模拟［J］. 中国水产科学，16（2）：257-265.
李云凯，禹娜，陈立侨，等，2010. 东海南部海区生态系统结构与功能的模型分析［J］. 渔业科学进展，31（2）：30-39.
李忠义，王俊，赵振良，等，2012. 渤海中国对虾资源增殖调查［J］. 渔业科学进展，33（3）：1-7.
李忠义，吴强，单秀娟，等，2017. 渤海鱼类群落结构的年际变化［J］. 中国水产科学，24（2）：403-414.
林群，2012. 黄渤海典型水域生态系统能量传递与功能研究［D］. 青岛：中国海洋大学.
林群，金显仕，郭学武，等，2009a. 基于 Ecopath 模型的长江口及毗邻水域生态系统结构和能量流动研究［J］. 水生态学杂志，2（2）：28-36.
林群，金显仕，张波，等，2009b. 基于营养通道模型的渤海生态系统结构十年变化比较研究［J］. 生态学报，29（7）：3613-3620.
林群，李显森，李忠义，等，2013. 基于 Ecopath 模型的莱州湾中国对虾增殖生态容量［J］. 应用生态学报，24（4）：1131-1140.
林群，单秀娟，王俊，等，2018. 渤海中国对虾生态容量变化研究［J］. 渔业科学进展，39（4）：19-29.
林群，王俊，李忠义，等，2015. 黄河口邻近海域生态系统能量流动与三疣梭子蟹增殖容量估算[J]. 应用生态学报，26（11）：3523-3531.
林群，王俊，李忠义，等，2018. 黄河口邻近水域贝类生态容量［J］. 应用生态学报，29（9）：3131-3138.
林群，王俊，袁伟，等，2016. 捕捞和环境变化对渤海生态系统的影响［J］. 中国水产科学，23（3）：619-629.
刘录三，李新正，2003. 南黄海春秋季大型底栖动物分布现状［J］. 海洋与湖沼，24（1）：26-32.
刘瑞玉，崔玉珩，徐凤山，1993. 胶州湾中国对虾增殖效果与回捕率的研究［J］. 海洋与湖沼，24（2）：137-142.
欧阳力剑，郭学武，2010. 东、黄海主要鱼类 Q/B 值与种群摄食量研究［J］. 渔业科学进展，31（2）：23-29.
沈国英，施并章. 2002. 海洋生态学［M］. 北京：科学出版社.
苏纪兰，唐启升，2002. 中国海洋生态系统动力学研究Ⅱ：渤海生态系统动力学过程［M］. 北京：科学出版社.

孙军，刘东艳，柴心玉，等，2002. 莱州湾及潍河口夏季浮游植物生物量和初级生产力的分布［J］. 海洋学报，24（5）：81-90.

孙龙启，林元烧，陈俐骁，等，2016. 北部湾北部生态系统结构与功能研究Ⅶ：基于 Ecopath 模型的营养结构构建和关键种筛选［J］. 热带海洋学报，35（4）：51-62.

汤毓祥，邹娥梅，Heung-Jae L，2001. 冬至初春黄海暖流的路径和起源［J］. 海洋学报，23（1）：1-12.

唐启升，1996. 关于容纳量及其研究［J］. 海洋水产研究，17（2）：1-5.

唐启升，1999. 海洋食物网与高营养层次营养动力学研究策略［J］. 海洋水产研究，20（2）：1-11.

唐启升，2006. 中国专属经济区海洋生物资源与栖息环境［M］. 北京：科学出版社：432-433.

唐启升，贾晓平，郑元甲，等，2006. 中国专属经济区海洋生物资源与栖息环境［M］. 北京：科学出版社.

唐启升，韦晟，姜卫民，1997. 渤海莱州湾渔业资源增殖的敌害生物及其对增殖种类的危害［J］. 应用生态学报，8（2）：199-206.

唐启升，叶懋中，1990. 山东近海渔业资源开发与保护［M］. 北京：农业出版社：90-115.

仝龄，1999. Ecopath——一种生态系统能量平衡评估模式［J］. 海洋水产研究，20（2）：103-107.

仝龄，唐启升，Pauly D，2000. 渤海生态通道模型的初探［J］. 应用生态学报，11（3）：435-440.

万瑞景，姜言伟，1998. 渤海硬骨鱼类鱼卵和仔稚鱼分布及其动态变化［J］. 中国水产科学，5（1）：43-50.

王晓红，李适宇，彭人勇，2009. 南海北部大陆架海洋生态系统演变的 Ecopath 模型比较分析［J］. 海洋环境科学，28（3）：288-292.

吴强，金显仕，栾青杉，等，2016. 基于饵料及敌害生物的莱州湾中国对虾（*Fenneropenaeus chinensis*）与三疣梭子蟹（*Portunus trituberculatus*）增殖基础分析［J］. 渔业科学进展，37（2）：1-9.

信敬福，刘克礼，王四杰，等，1999. 丁字湾增殖中国对虾适宜量的研究［J］. 海洋科学，6：65-67.

徐宾铎，金显仕，梁振林，2003. 秋季黄海底层鱼类群落结构的变化［J］. 中国水产科学，10（2）：148-154.

徐君卓，湝彦，1991. 象山港中国对虾放流移植的生产性试验［J］. 海洋水产科技（2）：1-60.

徐珊楠，陈作志，郑杏雯，等，2010. 红树林种植——养殖耦合系统的养殖生态容量［J］. 中国水产科学，17（3）：393-403.

许思思，宋金明，李学刚，等，2014. 渤海渔获物资源结构的变化特征及其影响因素分析［J］. 自然资源学报，29（3）：500-506.

杨红生，张福绥，1999. 浅海筏式养殖系统贝类养殖容量研究进展［J］. 水产学报，23（1）：84-90.

杨纪明，2001. 渤海无脊椎动物的食性和营养级研究［J］. 现代渔业信息，16（9）：8-16.

杨林林，姜亚洲，袁兴伟，等，2016. 象山港典型增殖种类的生态容量评估［J］. 海洋渔业，38（3）：273-282.

杨涛，单秀娟，金显仕，等，2016. 莱州湾鱼类群落的关键种［J］. 水产学报，40（10）：1613-1623.

杨尧尧，李忠义，吴强，等，2016. 莱州湾渔业资源群落结构和多样性的年际变化［J］. 渔业科学进展，37（1）：22-29.

杨再福，2003. 太湖渔业与环境的可持续发展［D］. 上海：华东师范大学.

叶昌臣，1986. 渤海对虾增殖的合理放流密度［J］. 水产科学：4-6.

叶昌臣，李玉文，韩茂仁，等，1994a. 黄海北部中国对虾合理放流数量的讨论［J］. 海洋水产研究，15：9-18.

叶昌臣，孙德山，郑宝太，等，1994b. 黄海北部放流虾的死亡特征和去向的研究［J］. 海洋水产研究，

11 (15)：31-38.

叶懋中，章隼，1965. 黄渤海区鳀鱼的分布、洄游和探察方法 [J]．水产学报，2 (2)：27-34.

于璐，吴晓青，周保华，等，2014. 环渤海地区工业废水石油类排放特征分析 [J]．环境科学与技术，37 (4)：198-204.

张波，李忠义，金显仕，2012. 渤海鱼类群落功能群及其主要种类 [J]．水产学报，36 (1)：64-72.

张波，唐启升，2004. 渤、黄、东海高营养层次重要生物资源种类的营养级研究 [J]．海洋科学进展，22 (4)：393-404.

张波，吴强，金显仕，2015. 1959—2011 年莱州湾渔业资源群落食物网结构的变化 [J]．中国水产科学，22 (2)：278-287.

张继红，方建光，王巍，2009. 浅海养殖滤食性贝类生态容量的研究进展 [J]．中国水产科学，16 (4)：626-632.

张明亮，冷悦山，吕振波，等，2013. 莱州湾三疣梭子蟹生态容量估算 [J]．海洋渔业，35 (3)：303-308.

张青田，胡桂坤，2011. 小型底栖动物生物量估算方法回顾与思考 [J]．海洋通报，30 (3)：357-360.

张嵩，张崇良，徐宾铎，等，2017. 基于大型底栖动物群落特征的黄河口及邻近水域健康度评价 [J]．中国海洋大学学报（自然科学版），47 (5)：65-71.

张秀梅，王熙杰，涂忠，等，2009. 山东省渔业资源增殖放流现状与展望 [J]．中国渔业经济，2 (27)：51-58.

张云，李雪铭，张建丽，等，2013. 渤海海域重点产业围填海发展结构与模式研究 [J]．海洋开发与管理 (11)：1-4.

张志南，图立红，于子山，1990. 黄河口及其邻近海域大型底栖动物的初步研究（一）生物量 [J]．青岛海洋大学学报（自然科学版），20 (1)：37-45.

郑元甲，陈雪忠，程家骅，等，2003. 东海大陆架生物资源与环境 [M]．上海：上海科学技术出版社.

周红，华尔，张志南，2010. 秋季莱州湾及邻近海域大型底栖动物群落结构的研究 [J]．中国海洋大学学报 [J]，40 (8)：80-87.

朱晓光，房元勇，严力蛟，等，2009. 高捕捞强度环境下海洋鱼类生态对策的演变 [J]．科技通报，25 (1)：51-55.

左涛，王荣，2003. 海洋浮游动物生物量测定方法概述 [J]．生态学杂志，22 (3)：79-83.

Akoglu E，Libralato S，Salihoglu B，et al，2015. EwE-F 1.0：an implementation of Ecopath with Ecosim in Fortran 95/2003 for coupling [J]．Geoscientific Model Development，8 (2)：1511-1537.

Arancibia H，Muñoz H，2006. Ecosystem based approach：a comparative assessment of the institutional response in fisheries：the case of demersal fisheries（Phase Ⅰ）[J]．APEC Fisheries Working Group Report. 18 p.

Ainsworth C H，Pitcher T J，2006. Modifying Kempton's species diversity index for use with ecosystem simulation models [J]．Ecological Indicators，6：623-630.

Aprahamian M W，Martin S K，McGinnitw P，et al，2003. Restocking of salmonids opportunities and limitations [J]．Fish Research，62 (2)：211-227.

Bell J D，Rothlisberg P C，Munro J L，et al，2005. Restocking and stock enhancement of marine invertebrate fisheries [J]．Advances in Marine Biology，49：xi-374.

Blanchard J L，Pinnegar J K，Mackinson S，2002. Exploring marine mammal-fishery interactions using Ecopath with Ecosim：modelling the Barents Sea Ecosystem. Cefas，Science Series Technical Report，117.

Blankenship H L, Leber K M, 1995. A responsible approach to marine stock enhancement [J]. American Fisheries Society Symposium, 15: 167-175.

Blaxter J H S, 2000. The enhancement of cod stocks [J]. Adv. Mar. Biol., 38: 1-54.

Bundy A, 2004. Mass balance models of the eastern Scotian Shelf before and after the cod collapse and other ecosystem changes [J]. Canadian technical report of fisheries and aquatic sciences, 2520: xii-193.

Byron C, Link J, Costa-Pierce B, et al, 2011a. Calculating ecological carrying capacity of shellfish aquaculture using mass-balance modeling: Narragansett Bay, Rhode Island [J]. Ecological Modelling, 222 (10): 1743-1755.

Byron C, Link J, Costa-Piercen B, et al, 2011b. Modeling ecological carrying capacity of shellfish aquaculture in highly flushed temperate lagoons [J]. Aquaculture, 314: 87-99.

Bacalso R T, Wolff M, Rosales R M, et al, 2016. Effort reallocation of illegal fishing Philippines [J]. Ecological Modelling, 331, 5-16.

Booth S, Zeller D, 2005. Mercury, food webs, and marine mammals: implications of diet and climate change for human health [J]. Environmental health perspectives, 113 (5): 521-52.

Carrer S, Halling-Sørensen B, Bendoricchio G, 2000. Modelling the fate of dioxins in a trophic network by coupling an ecotoxicological and an Ecopath model [J]. Ecology Modelling, 126: 201-223.

Carver C E A, Mallet A L, 1990. Estimating the carrying capacity of a coastal inlet for mussel culture [J]. Aquaculture, 88 (1): 39-53.

Chen D G, Shen W Q, Liu Q, et al, 2000. The geographical characteristics and fish species diversity in the Laizhou Bay and Yellow River estuary [J]. Journal of fishery sciences of China, 7: 46-52.

Cheng J H, Cheung W L, Pitcher T J, 2009. Mass-balance ecosystem model of the East China Sea [J]. Progress in Natural Science, 19: 1271-1280.

Cheung W L, 2007. Vulnerability of marine fishes to fishing: from global overview to the northern south China Sea [D]. Vancouver: the University of British Columbia.

Christensen V, Pauly D, 1992. ECOPATH Ⅱ-a software for balancing steady-state ecosystem models and calculating network characteristics [J]. Ecological Modelling, 61 (3-4): 169-185.

Christensen V, Pauly D, 1993. Flow characteristics of aquatic ecosystems [C]. In: Christensen V, Pauly D eds. Trophic Models of Aquatic Ecosystems. International Center for Living Aquatic Resources Management Conference Proceedings, 26: 390.

Christensen V, Pauly D, 1995. Fish production, catches and the carrying capacity of the world oceans [J]. Naga, the ICLARM 18: 34-40.

Christensen V., 1998 Fishery-induced changes in a marine ecosystem: insight for model of the Gulf of Thailand [J]. Journal of Fish Science, 53 (Supply A): 128-142.

Christensen V, Walters C J, Pauly D, 2004. Ecopath with Ecosim: a user's guide [D]. Fisheries Centre of University of British Columbia, Vancouver, Canada. 154 p.

Christensen V, Walters C J, 2004. Ecopath with Ecosim: methods, capabilities, and limitation [J]. Ecological Modeling, 172: 109-139.

Cohen J E, 1997. Population, economics, environment and culture: an introduction to human carrying capacity [J]. Journal of Applied Ecology, 34: 1325-1333.

Colléter M, Valls A, Guitton J, et al, 2015. Global overview of the applications of the Ecopath with Ecosim modeling approach using the EcoBase models repository [J]. Ecological Modelling, 302: 42-53.

Coll M, Santojanni A, Palomera I, 2007. An ecological model of the Northern and Central Adriatic Sea: Analysis of ecosystem structure and fishing impacts [J] . Journal of Marine Systems, 67: 119-154.

Coll M, Steenbeek J, Sole J, et al, 2016. Modelling the cumulative spatial-temporal effects of environmental drivers and fishing in a NW Mediterranean marine ecosystem [J] . Ecological Modelling, 331: 100-114.

Coombs A P, 2004. Marine mammals and human health in the Eastern Bering Sea: Using an ecosystem-based food web model to track PCBs: Master Thesis [D] . The University of British Columbia.

Cooney R T, 1993. A theoretical evaluation of the carrying capacity of Prince William Sound, Alaska, for juvenile pacific salmon [J] . Fisheries Research, 18: 77-87.

Dalsgaard J, Pauly D, 1997. Preliminary mass-balance model of Prince William Sound, Alaska, for the pre-spill period, 1980—1989 [J] . Fisheries Centre Research Report, 5 (2): 34.

Dong Z J, Liu D Y, Keesing J K, 2010. Jellyfish blooms in China: Dominant species, causes and consequences [J] . Marine Pollution Bulletin, 60: 954-963.

Finn J T, 1976. Measures of ecosystem structure and functioning derived from analysis of flows [J] . Journal of Theoretical Biology, 56: 363-380.

Field J C, Francis R C, Aydin K, 2006. Top-down modeling and bottom-up dynamics: linking a fisheries-based ecosystem model with climate hypotheses in the Northern California current [J] . Progress in Oceanography, 68: 238-270.

Fretzer S, 2016. Using the Ecopath approach for environmental impact assessment—a case study analysis [J] . Ecological Modelling, 331, 160-172.

Gasche L, Gascuel D, 2013. EcoTroph: a simple model to assess fisheries interactions and their impacts on ecosystems [J] . Ices Journal of Marine Science , 70: 498-510

Gascuel D, Guénette S, Pauly D, 2011. The trophic-level based ecosystem modelling approach: theoretical overview and practical uses [J] . Ices Journal of Marine Science , 68: 1403-1416

Heymans J J, Link M C, Mackinson S, et al, 2016. Best practice in Ecopath with Ecosim food-web models forecosystem-based management [J] . Ecological Modelling, 331: 173-184.

Heymans J J, Shannon L J, Jarre A, 2004. Changes in the northern Benguela ecosystem over three decades: 1970s, 1980s, and 1990s [J] . Ecological Modeling, 172: 175-195.

Hyder K, Rossberg A G, Allen J I, et al, 2015. Making modelling count-increasing the contribution of shelf-seas community and ecosystem models to policy development and management [J]. Marine. Policy, 61, 291-302.

Jarre-Teichmann A, Christensen V, 1998. Comparative modelling of trophic flows in four large upwelling ecosystems: global vs local effects [C] . In: Durand M-H, Cury P, Medelssohn R, et al, eds. Global vs Local Changes in Upwelling Ecosystems. Proceedings of the First International CEOS Meeting, 6-8 September 1994. ORSTOM, Paris, 423-443.

Jiang H, Cheng H Q, Xu H G, et al, 2008. Trophic controls of jellyfish blooms and links with fisheries in the East China Sea [J] . Ecological Modeling, 212: 492-503.

Jiang W, Gibbs M T, 2005. Predicting the carrying capacity of bivalve shell- fish culture using a steady, linear food web model [J] . Aquaculture, 244 (1-4): 171-185.

Jin X S, 1996. Variations of community structure, diversity and biomass of demersal fish assemblage in the Bohai Sea between 1982/1983 and 1992/1993 [J] . Journal of Fishery Sciences of China, 3 (3): 31-47.

Jin X S, 2004. Long-term changes in fish community structure in the Bohai Sea, China [J] . Estuarine,

Coastal and Shelf Science，59：163-171.

Jordan F，Takacs-Santa A，Molnar I，1999. Are liability theoretical quest for key stones［J］. Oikos，86：453-462.

Kashiwai M，1995. History of carrying capacity concept as an index of ecosystem productivity（Review）［J］. Bulletin Hokkaido National Fisheries Research Institute，59：81-100.

Kavanagh P，Newlands N，Christensen V，et al，2004. Automated parameter optimization for Ecopath ecosystem models［J］. Ecological Modelling，172（2-4）：141-150.

Kearney K A，Stock C，Sarmiento J L，2013. Amplification and attenuation of increased primary production in a marine food web［J］. Marine Ecology Progress Series，491：1-14.

Kempton R A，Taylor L R，1976. Models and statistics for species diversity［J］. Nature，262：818-820.

Larsen L H，Sagerup K，Ramsvatn S，2016. The mussel path—Using the contaminant tracer，Ecotracer，in Ecopath to model the spread of pollutants in an Arctic marine food web［J］. Ecological Modelling，331：77-85.

Leontief W W，1951. The Structure of the U. S. Economy［M］. New York：Oxford University Press.

Libralato S，Christensen V，Pauly D，2006. A method for identifying keystone species in food web models［J］. Ecological Modeling，195（3-4）：153-171.

Lin Q，Jin X S，Zhang B，2013. Trophic interactions，ecosystem structure and function in the southern Yellow Sea［J］. Chinese Journal of Oceanology and Limnology，31（5）：46-58.

Lorenzen K，Leber K M，Blankenship H L，2010. Responsible approach to marine stock enhancement：an update［J］. Reviews in Fisheries Science，18（2）：189-210.

Lü S G，Wang X C，Han B P，2009. A field study on the conversion ratio of phytoplankton biomass carbon to chlorophyll-a in Jiaozhou Bay，China［J］. Chinese Journal of Oceanology and Limnology，27（4）：793-805.

Lucey S M，Aydin K Y，Gaichas S K，et al，2014. Improving the EBFM toolbox with an alternative open source mass balance model［C］. In：Steenbeek J，Piroddi C，Coll M，et al，（Eds.），Ecopath 30 years conference proceedings：Extended Abstracts，Fisheries Centre Research Reports，22（3）. Fisheries Centre UBC，Vancouver.

Maria I C，Duarte L O，Garcia C B，et al，2006. Ecosystem impacts of the introduction of bycatch reduction devices in a tropical shrimp trawl fishery：Insights through simulation［J］. Fisheries Research，77：333-342.

Taylor M D，Suthers I M，2008. A predatory impact model and targeted stock enhancement approach for optimal release of mulloway（*Argyrosomus japonicus*）［J］. Reviews in Fisheries Science，16（1-3）：125-134.

McDowell N，2002. Stream of escaped farm fish raises fears for wild salmon［J］. Nature，416（6881）：571.

Meissa B，Gascuel D，Guénette S，2014. Diagnosis of the ecosystem impact of fishing and trophic interactions between fleets：a Mauritanian application［C］. In：Steenbeek J，Piroddi C，Coll M，Heymans J J，Villasante S，Christensen V. eds.，Ecopath 30 Years Conference Proceedings：Extended Abstracts. Fisheries Centre Research Reports 22（3）. Fisheries Centre，University of British Columbia，237.

Morissette L，2007. Complexity，cost and quality of ecosystem models and their impact on resilience：a comparative analysis，with emphasis on marine mammals and the Gulf of St. Lawrence［D］. Vancouver：

the University of British Columbia.

Mutser K, Steenbeek J, Lewis K, et al, 2016. Employing ecosystem models and geographic information systems (GIS) to investigate the response of changing marsh edge on historical biomass of estuarine nekton in Barataria Bay, Louisiana, USA [J] . Ecological Modelling, 331: 129-141.

Odum E P, 1969. The strategy of ecosystem development [J] . Science, 164: 262-270.

Okey T A, Pauly D, 1998. A mass-balanced model of trophic flows in Prince William Sound [R] . Alaska: The 16th Lowell Wakefield Fisheries Symposium, 621-635.

Paine R T, 1969. A note on trophic complexity and community stability [J] . American Naturalist, 103 (1): 91-93.

Palomares M L D, Pauly D, 1989. A multiple regression model for predicting the food consumption of marine fish populations [J] . Marine & Freshwater Resources, 40 (3): 259-273.

Patrício J, Ulanowicz R, Pardall M A, et al, 2006. Ascendency as ecological indicator for environmental quality assessment at the ecosystem level: a case study [J] . Hydrobiologia, 555: 19-30.

Palomares M L D, Pauly D, 1998. Predicting food consumption of fish populations as functions of mortality, food type, morphometrics, temperature and salinity [J] . Marine and Freshwater Research, 49: 447-453.

Pauly D, 1980. On the interrelationships between natural mortality, growth parameters, and mean environmental temperature in 175 fish stocks [J] . ICES Journal of Marine Science, 39 (2): 175-192.

Pauly D, Christensen V, 1995. Primary production required to sustain global fisheries [J] . Nature, 374: 255-257.

Pauly D, Christensen V, Sambilay V, 1990 . Some features of fish food consumption estimates used by ecosystem modellers [C] . ICES Counc. Meet.

Pauly D, Christensen V, Walters C J, 2000. Ecopath, Ecosim and Ecospace as tools for evaluating ecosystem impact of fisheries [J] . ICES Journal of Marine Science, 57: 697-706.

Pianka E R, 1974. Niche overlap and diffuse competition [J] . Proceedings of the National Academy of Sciences, 71: 2141-2145.

Polovina J J, 1984. Model of a coral reef ecosystem Ⅰ: the ECOPATH model and its application to French Frigate Schoals [J] . Coral Reefs, 3: 1-11.

Power M E, Tilman D, Estes J A, et al, 1996. Challenges in the quest for keystones [J] . Bioscience, 46 (8): 609-620.

Preikshot D B, 2007. The influence of geographic scale, climate and trophic dynamics upon North Pacific oceanic ecosystem models [D] . Vancouver: the University of British Columbia.

Ruzicka J, Brink K H, Gifford D J, et al, 2016. A physically coupled end-to-end model platform for coastal ecosystems: simulating the effects of climate change and changing upwelling characteristics on the Northern California Current ecosystem [J] . Ecological Modelling, 331: 86-99.

Salvanes A G V, Aksnes D, Fossa J H, et al, 1995. Simulated carrying capacities of fish in Norwegian fjords [J] . Fisheries Oceanography, 4: 17-32.

Seith R D, Lipcius R N, Knick K E, et al, 2008. Stock enhancement and carrying capacity of blue crab nursery habitats in Chesapeake Bay [J] . Reviews in Fisheries Science, 16 (1-3): 329-337.

Shan X J, Jin X S, 2016. Population dynamics of fish species in a marine ecosystem: a case study in the Bohai Sea, China [J] . Marine and Coastal Fisheries, 8: 100-117.

Shannon L J, Cochrane K L, Moloney C L, et al, 2004. Ecosystem approach to fisheries management in the Benguela：a workshop overview [J] . African Journal of Marine Science，26：1-8.

Shannon L J，Cury P M，Jarre A，2000. Modelling effects of fishing in the Southern Benguela ecosystem [J] . ICES Journal of Marine Science，57：720-722.

Solomon M D，Ulanowicz R E，2004. Quantitative methods for ecological network analysis [J] . Comput Biol Chem，28：321-39.

Steenbeek J，Buszowski J，Christensen V，et al，2015. Ecopath with Ecosim as a model-building toolbox：source code capabilities，extensions，and variations [J] . Ecological Modelling，319：178-189.

Steenbeek J，Piroddi C，Coll M，et al，2014. Ecopath 30 Years Conference Proceedings：Extended Abstracts [R] . Fisheries Centre Research Reports.

Tang Q S，1993. Effects of long-term physical and biological perturbations on the contemporary biomass yields of the Yellow Sea ecosystem [C] . In：Sherman，K.，Alexander，L. M.，Gold，B. D.（Eds.），Large Marine Ecosystems：Stress，Mitigation，and Sustainability. AAAS Press，Washington，DC，79-93

Tang Q，Jin X，Wang J，et al，2003. Decadal-scale variation of ecosystem productivity and control mechanisms in the Bohai Sea [J] . Fish. Oceanogr.，12（4/5）：223-233.

Ulanowicz R E，1986. Growth and development：ecosystem phenomenology [M] . New York：Springer Verlag.

Ulanowicz R E，Norden J S，1990. Symmetrical overhead in flow networks [J] . International Journal of Systems Science，21（2）：429-437.

Villanueva M C，Lalèyè P，Albaret J J，et al，2006. Comparative analysis of trophic structure and interactions of two tropical lagoons [J] . Ecological Modelling，197：461-477.

Villasante S，Arreguín-Sānchez F，Heymans J J，et al，2016. Modelling marine ecosystems using the Ecopath with Ecosim food web approach：New insights to address complex dynamics after 30 years of developments [J] . Ecological Modelling，331：1-4.

Walters C J，Juanes F，1993. Recruitment limitation as a consequence of natural selection for use of restricted feeding habitats and predation risk taking by juvenile fishes [J] . Canadian Journal of Fisheries and Aquatic Sciences，50：2058-2070.

Walters W J，Christensen V，2018. Ecotracer：analyzing concentration of contaminants and radioisotopes in an aquatic spatial-dynamic food web model [J] . Journal of Environmental Radioactivity，181：118-127.

Walters C J，Christensen V，Pauly D，1997. Structuring dynamic models of exploited ecosystems from trophic mass-balance assessments [J] . Reviews in Fish Biology and Fisheries，7：139-172.

Walters C J，Korman J，1999. Linking recruitment to trophic factors：revisiting the Beverton-Holt recruitment model from a life history and multispecies perspective [J] . Reviews in Fish Biology and Fisheries，9：187-202.

Walters C J，Martell S J，2004. Harvest Management for Aquatic Ecosystems [M] . Princeton：Princeton University Press.

Walters C J，Pauly D，Christensen V，1998. Ecospace：prediction of mesoscale spatial patterns in trophic relationships of exploited ecosystems，with emphasis on the impacts of marine protected areas [J]. Ecosystems，2（6）：539-554.

Wang T，Li Y K，Xie B，et al，2017. Ecosystem development of Haizhou Bay ecological restoration area from 2003 to 2013 [J] . Oceanic and Coastal Sea Research，16（6）：1126-1132.

Watson R A, Nowara G B, Tracey S R, 2013. Ecosystem model of Tasmanian waters explores impacts of climate change induced changes in primary productivity [J]. Ecological Modelling, 264: 115-129.

Xu S N, Chen Z Z, Li C H, et al, 2011. Assessing the carrying capacity of tilapia in an intertidal mangrove-based polyculture system of Pearl River Delta, China [J]. Ecological Modelling, 222: 846-856.

Zeller D, Reinert J, 2004. Modelling spatial closures and fishing effort restrictions in the Faroe Islands marine ecosystem [J]. Ecological Modelling, 172: 403-420.

Zhang B, Tang Q S, Jin X S, 2007. Decadal-scale variations of trophic levels at high trophic levels in the Yellow Sea and the Bohai Sea ecosystem [J]. Journal of Marine Systems, 67: 304-311.

Zhang Y Y, Chen Y, 2007. Modeling and evaluating ecosystem in 1980s and 1990s for American lobster (*Homarus americanus*) in the Gulf of Maine [J]. Ecological Modelling, 203 (3-4): 475-489.

图书在版编目（CIP）数据

渤海中国对虾增殖生态容量研究/王俊等主编．—
北京：中国农业出版社，2019.11
ISBN 978-7-109-26170-9

Ⅰ．①渤…　Ⅱ．①王…　Ⅲ．①渤海－中国对虾－水产
资源－研究　Ⅳ．①S968.22

中国版本图书馆 CIP 数据核字（2019）第 244481 号

中国农业出版社出版
地址：北京市朝阳区麦子店街 18 号楼
邮编：100125
责任编辑：王金环　郑　珂
版式设计：杨　婧　　责任校对：赵　硕
印刷：化学工业出版社印刷厂
版次：2019 年 11 月第 1 版
印次：2019 年 11 月北京第 1 次印刷
发行：新华书店北京发行所
开本：787mm×1092mm　1/16
印张：8
字数：220 千字
定价：68.00 元
